数　学

（1）$(-3) - (+7)$ を計算しなさい。

（2）$\dfrac{2}{5} + \dfrac{3}{10}$ を計算しなさい。

（3）$6(4 - a)$ を計算しなさい。

（4）ノート3冊と90円の鉛筆8本の代金は1080円でした。
　　　ノート1冊の値段はいくらか，答えなさい。

（1）	
（2）	
（3）	
（4）	
（5）ア	
イ	
ウ	

（5）次のア〜ウの立体の名称を答えなさい。

ア
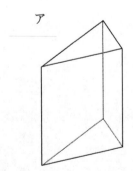

イ
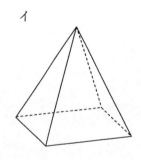

ウ

1年　数学

（1）$3.2 \div (-8)$ を計算しなさい。

（2）$12a + (-7a)$ を計算しなさい。

（3）比例式 $16 : x = 4 : 7$ を解きなさい。

（4）1個 a 円のリンゴ 5 個と 1 個 b 円のミカン 8 個の代金の
　　合計は 1220 円です。この関係を等式に表しなさい。

（5）下の立方体について，直線 AE とねじれの位置にある直線
　　はどれか。すべて答えなさい。

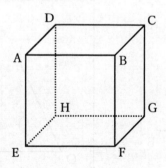

（1）	
（2）	
（3）	
（4）	
（5）	

（1）$(+1) + (-3) \times (-7)$ を計算しなさい。

（2）$-0.3,$ $\dfrac{1}{2},$ $0,$ $-\dfrac{7}{3},$ これら 4 つの数の大小を不等号を
　　　使って表しなさい。

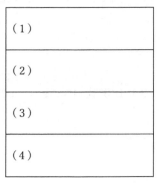

（1）	
（2）	
（3）	
（4）	

（3）$x = 5$ のとき，$x + 2x$ の値を求めなさい。

（4）何人かの生徒であめを同じ数ずつ分けます。4 個ずつ
　　　分けると 1 個余り，5 個ずつ分けると 11 個足りません。
　　　生徒の人数は何人ですか。

（5）下の図において∠AOB の二等分線 ℓ を作図しなさい。

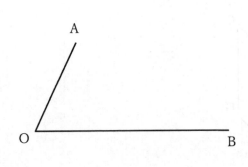

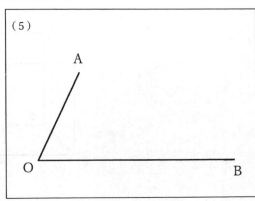

（1）$0 \div (-50)$ を計算しなさい。

（2）$\frac{2x+4}{3} \times 15$ を計算しなさい。

（3）方程式 $x = \frac{1}{6}x + 5$ を解きなさい。

（4）家から駅まで分速 60 m で進むと，分速 180 m で進むとき
　　　よりも 20 分多くかかりました。家から駅までの道のりは
　　　何 m ですか。

（5）直線 ℓ は $y = \frac{3}{2}x$ の直線である。点 A, B の座標を答えなさい。

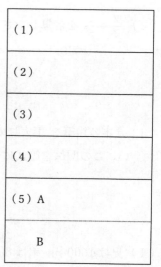

（1）	
（2）	
（3）	
（4）	
（5）A	
B	

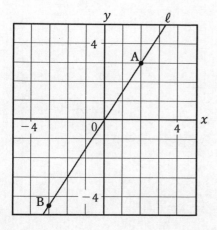

第5回テスト

（1）$(-3)^2 - (+3)$ を計算しなさい。

（2）$\frac{2}{3} \div \frac{2}{5}$ を計算しなさい。

（3）a 本の鉛筆を，1人に6本ずつ b 人に配ると4本足りない。この関係を等式に表しなさい。

（4）兄は1600円，弟は800円持っています。同じ本を1冊ずつ買ったところ，兄の所持金は弟の所持金の5倍になりました。本の値段を求めなさい。

（5）下のおうぎ形の弧の長さと面積を求めなさい。

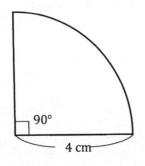

（1）	
（2）	
（3）	
（4）	
（5）弧の長さ	
面積	

1年　数学

/5問

（1）$(-3) \times 7 \times (-10)$ を計算しなさい。

（2）$(-0.8)^2$ を計算しなさい。

(1)
(2)
(3)
(4)

（3）定価 x 円のくつを，定価の2割引きで買ったときの代金を
　　求めなさい。

（4）妹が家を出発し，その3分後に姉が妹を追いかけました。
　　妹の歩く速さが分速40 m，姉の歩く速さが分速70 m のと
　　き，姉が出発して x 分後に妹に追いつくとして，方程式を
　　つくりなさい。

（5）次の図で，点Pを通る直線 ℓ の垂線 h を作図しなさい。

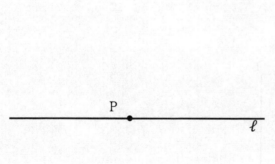

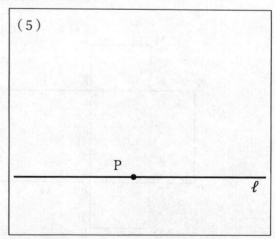

1年　数学

/5 問

（1）絶対値が 5.1 より小さい整数はいくつあるか。

（2）底辺の長さが 12 cm，高さが h cm の三角形の面積を求めなさい。

（3）次の方程式を解きなさい。

$$4x + 3 = 5(x - 2)$$

（1）	
（2）	
（3）	
（4）	
（5）	

（4）y は x に比例し，$x = -4$ のとき，$y = 16$ です。
　　　x と y の関係を式に表しなさい。

（5）下の図は直方体の展開図である。この展開図を組み立ててできる立体の辺 LM と重なる辺はどれか。

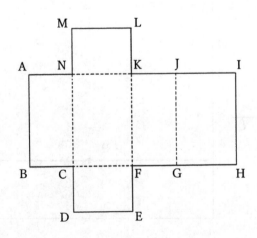

1年　数学

（1）$-9 - \{(-2) - (-3)\}$ を計算しなさい。

（2）-3^4 を計算しなさい。

（3）$\frac{1}{2}(6x - 2) + \frac{1}{6}(12x - 24)$ を計算しなさい。

（1）	
（2）	
（3）	
（4）	
（5）	

（4）次の方程式を解きなさい。

$$\frac{x}{2} - \frac{1}{8} = \frac{3}{4}$$

（5）校舎の外周は 1 周 2240 m です。A さんは分速 90 m，
　　B さんは分速 70 m で，同じ地点からおたがい反対方
　　向に同時に出発しました。2 人は出発してから何分後
　　にはじめて出会いますか。

（1）$(-84) \div 14 + (-9) \times 4$ を計算しなさい。

（2）次の中から自然数をすべて選びなさい。

$$4, \quad -5, \quad 0.2, \quad 0, \quad 11, \quad -\frac{3}{4}$$

（1）	
（2）	
（3）	
（4）	

（3）100 の位の数が x，10 の位の数が y，1 の位の数が 7 である 3 けたの自然数を文字式で表しなさい。

（4）男子 19 人，女子 21 人の学級があります。この学級の男子の平均身長は x cm，女子の平均身長は y cm である。この学級全体の平均身長を文字式で表しなさい。

（5）下の図形を直線 ℓ を軸に回転させてできる見取図をかきなさい。

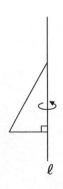

（5）
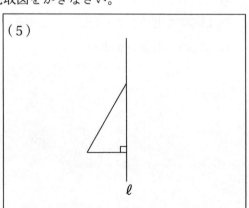

（1）$(-5.3) + (+2.2)$ を計算しなさい。

（2）$x = \dfrac{1}{2}$，$y = -1$ のとき，$2x - 3y$ の値を求めなさい。

（3）次の比例式を解きなさい。

$(12 - x) : 6 = 8 : 3$

（4）方程式 $7x - 2a = -6$ の解が $x = 8$ であるとき，
a の値を求めなさい。

（1）	
（2）	
（3）	
（4）	
（5）ア	
イ	$\leqq x \leqq$
	$\leqq y \leqq$

（5）下の図は 1 辺 10 cm の正方形である。点 P は，点 B から出発
して辺 BC 上を C まで進むものとし，B から x cm 進んだときの
三角形 ABP の面積を y cm² として，次の問いに答えなさい。
ただし点 P が点 B 上にあるときは $y = 0$ とする。

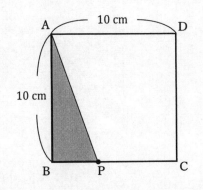

ア．x と y の関係を式に表しなさい。

イ．x の変域と y の変域をそれぞれ求めなさい。

/5 問

（1）$24 \times \left(-\dfrac{2}{3}+\dfrac{1}{4}\right)$ を計算しなさい。

（2）次の方程式を解きなさい。

$$\dfrac{1}{7}x = 4 + \dfrac{x-3}{2}$$

（3）y は x に比例し，$x = 4$ のとき，$y = -12$ です。
x と y の関係を式に表しなさい。

（4）y は x に反比例し，$x = 4$ のとき，$y = -3$ です。
x と y の関係を式に表しなさい。

（1）	
（2）	
（3）	
（4）	
（5）	

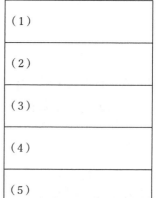

（5）下図の影をつけた部分の面積を求めなさい。

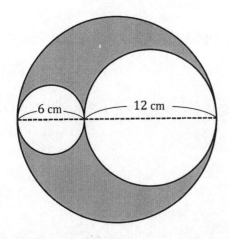

1 年　数学

/5 問

（1）$(-3)^2 - (2^3 - 4)$ を計算しなさい。

（2）時速 x km で 4 時間歩いたとき，歩いた道のりを式で表しなさい。

（1）	
（2）	
（3）	
（4）	
（5）	

（3）500 円で鉛筆 3 本と 80 円の消しゴム 1 個買うと，おつりが 60 円でした。鉛筆 1 本の値段を求めなさい。

（4）$y = ax$ のグラフを書いたら，点 $(12, -4)$ を通る直線になりました。a の値を求めなさい。

（5）下図のようなてんびんがつりあっています。重さ 18 g のおもりは支点から何 cm のところにつり下げられていますか。

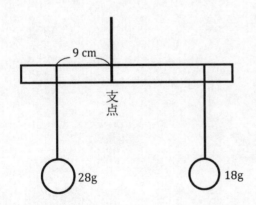

9 cm

支点

28g

18g

13

1 年　数学

（1）$-13 - 9 \times (-2)$ を計算しなさい。

（2）1 辺 a cm の正八角形の周の長さを求めなさい。

(1)	
(2)	
(3)	
(4)	
(5)	

（3）$(6x - 4) - (5x - 7)$ を計算しなさい。

（4）あるばねの伸びは，ばねにつり下げるおもりの重さ
　　に比例します。このばねに 5 g のおもりをつり下げる
　　と，ばねは 6 cm 伸びます。おもりの重さを x g，ばね
　　の伸びを y cm として，x と y の関係を式にしなさい。

（5）下の円錐の表面積を求めなさい。

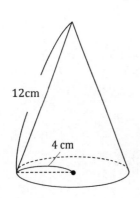

12cm

4 cm

/5 問

（1）$-2+3-(-4)\times2$ を計算しなさい。

（2）y km 離れた町まで，時速 2 km で歩いたときにかかった
時間を文字式で表しなさい。

（1）	
（2）	
（3）	
（4）	
（5）	

（3）$-11-3a+7+3a$ を計算しなさい。

（4）姉の所持金と妹の所持金の比は 5：3 で，2 人合わせて
3600 円持っています。姉の所持金はいくらですか。

（5）下の正四角錐の体積を求めなさい。

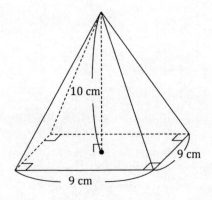

15

1 年　数学

（1）$(2x + 3) \div \dfrac{1}{4}$ を計算しなさい。

（2）$x = 3$ のとき，$8 - 3x$ の値を求めなさい。

（1）	
（2）	
（3）	
（4）	
（5）	

（3）1 本 130 円のペンを何本か買い，2000 円出すと，おつり が 570 円でした。ペンを何本買ったでしょう。

（4）連続する 3 つの整数の和が 168 のとき，3 つの整数を $x - 1$，x，$x + 1$ とおいて，3 つすべての整数を求めな さい。

（5）下の円柱の体積を求めなさい。

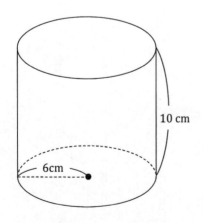

10 cm

6cm

（1） $\frac{5}{4} \div (-15)$ を計算しなさい。

（2） $(12x - 6) \div (-3)$ を計算しなさい。

（3）方程式 $\frac{3x-2}{5} = x$ を解きなさい。

（1）	
（2）	
（3）	
（4）箱の数	
アメの数	

（4）いくつかの箱にクッキーを入れていきます。1 つの箱に
14 個ずつ入れると 4 個余り，15 個ずつ入れると 1 個足り
ません。箱の数とアメの数をそれぞれ求めなさい。

（5）右に $y = -\frac{1}{3}x$ のグラフをかき入れなさい。

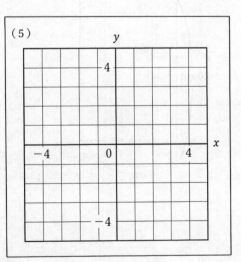

/5 問

（1） $(-12) \times (-2) \div 6$ を計算しなさい。

（2） a 円の品物を, 3 割引きで買ったときの代金を表しない。

（3） 次の比例式を解きなさい。

$3x : 7 = 3 : 1$

（1）	
（2）	
（3）	
（4）	
（5）	

（4） ある部活の部員数は 21 人で, 女子の部員数は男子の
部員数より 1 割多いそうです。男子の部員数を求めなさい。

（5） 下の直方体の体積を求めなさい。

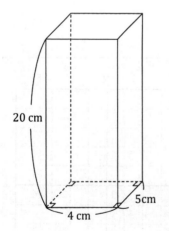

20 cm

5cm

4 cm

1 年　数学

/5問

（1）$(-0.1)^2$ を計算しなさい。

（2）$x = \dfrac{6}{5}$ のとき，$\dfrac{18}{x}$ の値を求めなさい。

(1)	
(2)	
(3)	
(4)	

（3）方程式 $0.8x = 0.3x + 1.5$ を解きなさい。

（4）ある人が家から駅まで散歩したとき，行きは毎時2km，帰りは毎時3kmの速さで歩き，合計で5時間かかりました。家から駅までの道のりを求めなさい。

（5）下図は，円Oの一部分です。
点Aが接点となるように，この
円の接線 ℓ を作図しなさい。

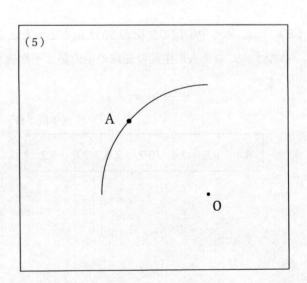

(5)

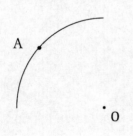

1年 数学

（1） $18 \times \left(-\dfrac{1}{6} + \dfrac{2}{3} \right)$ を計算しなさい。

（2） $x = -5$ のとき，$-3 - 2x$ の値を求めなさい。

（3）方程式 $3x - 1 = 2(x + 7)$ を解きなさい。

（4）150 円のリンゴと 80 円のミカンを合わせて 10 個買う
　　 と，1220 円でした。リンゴとミカンは，それぞれ何個
　　 買ったでしょうか。

（5）下は，ある中学校の生徒が 50 m 走を走ったときの記録
　　 です。この 7 人の生徒の記録の中央値と平均値を求めな
　　 さい。

（単位：秒）

8.4, 8.5, 7.4, 9.2, 7.0, 7.6, 7.2

（1）	
（2）	
（3）	
（4）リンゴ	
ミカン	
（5）中央値	
平均値	

/5 問

（1）絶対値が 2.1 以上 7 以下の整数はいくつあるか。

（2）$(-5)^3$ を計算しなさい。

（1）	
（2）	
（3）	
（4）	

（3）方程式 $5 + \dfrac{3}{100}x = \dfrac{2}{25}x$ を解きなさい。

（4）現在，先生は 54 歳，田中さんは 14 歳です。先生の
　　 年齢が田中さんの年齢の 3 倍になるのは何年後ですか。

（5）右に $y = \dfrac{4}{x}$ のグラフをかき入れなさい。

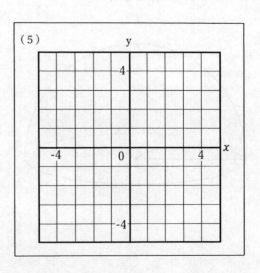

（5）

1 年　数学

（1）$5 \div 35 \times (-49)$ を計算しなさい。

（2）$x = 8,\ y = -9$ のとき，

$\dfrac{1}{4}x - \left(-\dfrac{1}{3}y\right)$ の値を求めなさい。

（3）比例式 $2x : (x + 3) = 2 : 3$ を解きなさい。

（4）100 g が 120 円の砂糖を 2000 g 買ったときの代金を
　　求めなさい。

（5）下の半球の体積を求めなさい。

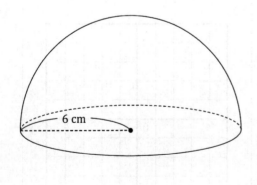

6 cm

（1）	
（2）	
（3）	
（4）	
（5）	

（1）$-5^2 + 9 \div (-3)$ を計算しなさい。

（2）次の数量の関係を不等式に表しなさい。

y km の道のりを，時速 4 km で歩いたら，2 時間かからなかった。

（3）何人かの生徒にミカンを 5 個ずつ配ると 8 個足らず，4 個ずつ配るとちょうど配ることができます。生徒の人数とミカンの数を求めなさい。

（4）直径 10 cm の円の面積を求めなさい。

（5）下は 15 人の生徒のハンドボール投げの結果の記録である。24 m 以上投げた生徒の相対度数を求めなさい。

（単位：m）

9, 18, 24, 20, 30, 28, 20, 15, 24, 21, 23, 17, 14, 25, 26

（1）
（2）
（3）生徒
ミカン
（4）
（5）

（1）$-53 + 6 \times (-7) + 19$ を計算しなさい。

（2）$a = 4,\ b = -6$ のとき，次の式の値を求めなさい。

$$\frac{1}{6}a + \frac{1}{4}b$$

（3）ドーナツ 4 つと 140 円の牛乳 1 パックをあわせて買うと代金は 500 円でした。ドーナツ 1 個の代金を求めなさい。

（4）赤玉と白玉の個数の比は 3：5 です。白玉の数が赤玉の数より 6 個多いとき，赤玉と白玉の個数をそれぞれ求めなさい。

（5）下の円柱の表面積を求めなさい。

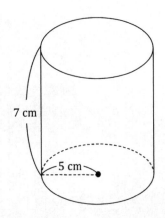

7 cm

5 cm

（1）	
（2）	
（3）	
（4）赤玉	
白玉	
（5）	

（1）−2.8 より大きく $\dfrac{5}{2}$ より小さい整数はいくつあるか。

（2）$(16x - 40) \times \dfrac{1}{4}$ を計算しなさい。

（1）	
（2）	
（3）	
（4）	
（5）	

（3）次の方程式を解きなさい。

$$-\dfrac{1}{8}x - \dfrac{2}{3} = \dfrac{5}{6} - \dfrac{1}{4}x$$

（4）y は x に反比例し，$x = -8$ のとき，$y = 6$です。
$y = 12$ のときの x の値を求めなさい。

（5）次のア～エの図の中で，立方体の正しい展開図はどれか。
正しいものをすべて選び，記号で答えなさい。

ア
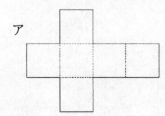

イ

ウ
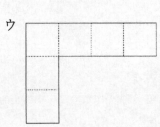

エ
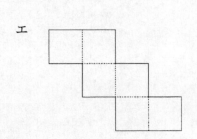

1 年　数学

/6 問

（1） $-3^2 + (-4)^2$ を計算しなさい。

（2） 次の自然数を素因数分解しなさい。

    ① 16   ② 36

（3） 次の比例式を解きなさい。

    $x : (11 - 3x) = 2 : 5$

（4） 半径 6 cm，中心角 60° のおうぎ形の面積を求めなさい。

（1）	
（2）①	
②	
（3）	
（4）	
（5）	

（5） 家から学校に向かって出発します。毎時 12 km の速さで進むと学校の始業時刻の 15 分前に到着し，毎時 6 km の速さで進むと始業時刻の 20 分後に着きます。家から学校までの道のりは何 km ですか。

1 年　数学

（1）$40 \div (-0.4)$ を計算しなさい。

（2）次の方程式を解きなさい。
$$-(3 - 2x) - 3(x - 2) = 0$$

（3）y は x に比例し，$x = 3$ のとき $y = -12$ である。
x と y の関係を式に表しなさい。

（1）	
（2）	
（3）	
（4）	
（5）	

（4）半径が $12\,\text{cm}$，中心角が $120°$ のおうぎ形の周の長さを
求めなさい。

（5）下の三角柱の体積を求めなさい。

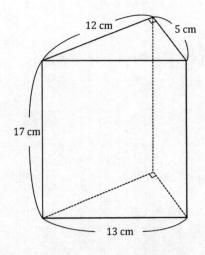

12 cm　　5 cm　　17 cm　　13 cm

/5 問

（1）$(-0.2)^3$ を計算しなさい。

（2）$\frac{6x-9}{4} \times \frac{8}{3}$ を計算しなさい。

（1）	
（2）	
（3）	
（4）	
（5）	

（3）みかん 6 個と 120 円のリンゴ 1 個の代金は，みかん 1 個と 90 円のレモン 2 個の代金の 2 倍になりました。みかん 1 個の代金はいくらですか。

（4）いくつかのクリップがあります。全体の重さは 125 g ですが，何個あるかわからないので，20 個のクリップの重さをはかったところ 10 g でした。このとき，クリップは全部で何個ありますか。

（5）下の図は，円柱の展開図である。線分 AB の長さは何 cm ですか。

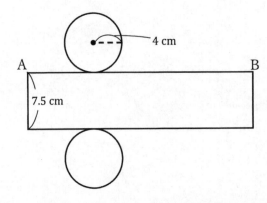

1 年　数学

/5 問

（1）$\{-3-(1-5)\} \times 2-(-2^3)$ を計算しなさい。

（2）次の数量の関係を等式に表しなさい。

　　　ある数 x を 8 倍した数から 2 を引くと y になる。

（3）次の方程式を解きなさい。
　　　$-3(5x-6)=-4(4x-5)$

（1）	
（2）	
（3）	
（4）	
（5）	

（4）反比例 $y=\dfrac{a}{x}$ のグラフが点 M, N を通り，点 M の
　　　座標が（4，-3）で，点 N の x 座標が 12 です。点 N
　　　の y 座標を求めなさい。

（5）下の正四角錐の表面積を求めなさい。

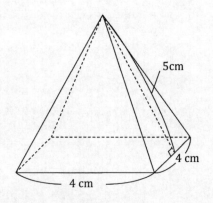

5cm

4 cm

4 cm

1 年　数学

/5 問

（1） a 人の 25％の人数を表す式を書きなさい。

（2） $a = 3,\ b = -8$ のとき、

$$\frac{5}{a} - \frac{b}{6} - 2$$ の値を求めなさい。

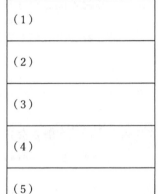

（1）	
（2）	
（3）	
（4）	
（5）	

（3）次の方程式を解きなさい。

$$\frac{x+3}{2} + \frac{x-1}{3} = -3$$

（4）濃度が 6 ％の食塩水が 150g あります。この食塩水に
含まれる食塩は何 g ですか。

（5）午前 9 時に父親が駅に向かって家を出発しました。
その 16 分後に兄が走って父親を追いかけました。
父親の速さが分速 40 m で、兄の速さが分速 120 m
であるとき、兄は午前何時何分に父親に追いつくか。

1 年　数学

/5 問

（1）700 ml ある牛乳のうち a ％ 飲んだときの残りの量を
文字式で表しなさい。

（2）方程式 $4x + 5 = 3a - 6x$ の解が $x = -2$ であるとき
a の値を求めなさい。

（1）
（2）
（3）
（4）
（5）

（3）プリン 9 個を 180 円の箱につめたときの代金は，プリン
2 個を 120 円の箱につめたときの代金の 3 倍になった。
プリン 1 個の代金はいくらか。

（4）自転車である道のりを時速 15km で走ったところ，目的
地に着くまでに 2 時間かかりました。時速 12 km で走る
とき，目的地に着くまでに何時間何分かかりますか。

（5）1 辺が 10 cm の正方形の内側にかかれた影の部分の面積を
求めなさい。

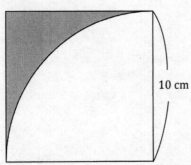

10 cm

1 年　数学

英　語

（1）（　　　）から適する語を選びなさい。

I (am, is, are) Ellen.

（2）次の日本語を英語になおしなさい。

私は田中美香ではありません。

I (　　　)(　　　) Tanaka Mika.

（3）次の文を疑問文にかえなさい。

You are Mr. Suzuki.

（4）正しい英文になるように{　　　}内の語句を並べかえて、文を完成させなさい。

私は熊本出身です。

{ am / from / I / Kumamoto }.

（5）次の対話文を読んで、あとの質問に答えなさい。

Kota : Are you Kato Aya ?

Aya : Yes, I ①(　　　). ②Call me Aya, please.

① （　　　）に適する語を書きなさい。

② 下線部を日本語に訳しなさい。

(1)	(2) I (　　　)(　　　) Tanaka Mika.		
(3)		(4)	.
(5) ①	②		

（1）（　　　）から適する語を選びなさい。

He (am,　is,　are) my friend.

（2）次の日本語を英語になおしなさい。

あなたはエリカですか。

（　　　） you Erika ?

（3）次の文を否定文にかえなさい。

She is my sister.

（4）正しい英文になるように{　　}内の語句を並べかえて、文を完成させなさい。

私は数学が好きです。

{　like / math / I　}.

（5）次の対話文を読んで、あとの質問に答えなさい。

Kota : ①これは何ですか。

Aya ： ②It is a koala.

①　日本文を英文にしなさい。

②　下線部を短縮した形にかえなさい。

(1)	(2)（　　　　　） you Erika ?	
(3)	(4)	．
(5) ①		②

（1）（　　　）から適する語を選びなさい。

（ Am,　Is,　Are) you Midori ?

（2）次の日本語を英語になおしなさい。

彼は私の友達です。

He (　　　　) my (　　　　).

（3）次の文を否定文にかえなさい。

She is from New York.

（4）正しい英文になるように{　　　}内の語句を並べかえて、文を完成させなさい。

彼女は私たちの先生ではありません。

{　teacher / she / not / is / our　}.

（5）次の対話文を読んで、あとの質問に答えなさい。

Kota : ①これはあなたのペンですか。

Aya : ②No, (　　　　)(　　　　).

①　日本文を英文にしなさい。

②　（　　　　）に適する語を書きなさい。

(1)	(2) He (　　　　) my (　　　　).	
(3)	(4)	
(5) ①	② No, (　　　　)(　　　　).	

（１）（　　　）から適する語を選びなさい。

（ Do,　Does) you play the piano ?

（２）次の日本語を英語になおしなさい。

私はそれを使います。

I （　　　）（　　　）.

（３）次の文を疑問文にかえなさい。

You play the violin.

（４）正しい英文になるように{　　　}内の語句を並べかえて、文を完成させなさい。

あなたは毎日英語を勉強しますか。

{　English / you / do / every day / study　}?

（５）次の対話文を読んで、あとの質問に答えなさい。

Kota : ①あなたはサッカーが好きですか。

Aya　: ②Yes, （　　　）（　　　）.

①　日本文を英文にしなさい。

②　（　　　）に適する語を書きなさい。

(1)	(2) I （　　　）（　　　）.	
(3)	(4)	?
(5) ①	② Yes, （　　　）（　　　）.	

（1）（　　　）から適する語を選びなさい。

（ Do,　Does) Emi play the piano ?

（2）次の日本語を英語になおしなさい。

彼女はオーストラリアに住んでいます。

She (　　　)(　　　)(　　　).

（3）次の文を疑問文にかえなさい。

He plays the piano.

（4）正しい英文になるように{　　　}内の語句を並べかえて、文を完成させなさい。

この女の子はだれですか。

{　this / is / girl / who　}?

（5）次の対話文を読んで、あとの質問に答えなさい。

Kota : ①(　　　) is my dictionary ?

Aya　: ②It is under the notebook.

①　（　　　）に適する語を書きなさい。

②　下線部を日本語に訳しなさい。

(1)	(2) She (　　　)(　　　)(　　　).		
(3)		(4)	?
(5) ①	②		

（1）（　　　）から適する語を選びなさい。

（ What,　Who,　Whose ）is your name ?　—　My name is Ellen.

（2）次の日本語を英語になおしなさい。

あれはだれの本ですか。

（　　　）book（　　　）that ?

（3）次の文を疑問文にかえなさい。

You watched TV yesterday.

（4）正しい英文になるように{ 　 }内の語句を並べかえて、文を完成させなさい。

何時ですか。

{ 　time / what / it / is　}?

（5）次の対話文を読んで、あとの質問に答えなさい。

Kota : ①(　　　) many books do they have ?

Aya　: ②They have three books.

①　（　　　）に適する語を書きなさい。

②　下線部を日本語に訳しなさい。

（1）	（2）（　　　　）book（　　　　　）that ?	
（3）	（4）　　　　　　　　　　　　　　？	
（5）①　　　　　　②		

（1）（　　　）から適する語を選びなさい。

（ Who,　Which,　When) do you speak, English or Japanese ?

（2）次の日本語を英語になおしなさい。

私たちは毎週月曜日に英語を勉強します。

We (　　　　) English every (　　　　).

（3）次の文を否定文にかえなさい。

I go to tennis school.

（4）正しい英文になるように{　　}内の語句を並べかえて、文を完成させなさい。

あなたは毎週土曜日に学校へ行きますか。

{　go / to / you / do / every Saturday / school　} ?

（5）次の対話文を読んで、あとの質問に答えなさい。

Kota :　①Do you know about *sumo* ?

Aya　:　②Yes, (　　　)(　　　).

①　下線部を日本語に訳しなさい。

②　（　　　）に適する語を書きなさい。

(1)	(2) We (　　　　　　) English every (　　　　　　　　).	
(3)	(4)	?
(5) ①	② Yes, (　　　　)(　　　).	

（1）（　　　）から適する語を選びなさい。

He is (drink,　drinks,　drinking) water now.

（2）次の日本語を英語になおしなさい。

あなたは今、何をしているのですか。

（　　　）（　　　） you （　　　） now ?

（3）次の文の下線部を（　　　）内の語にかえて、全文を書きかえなさい。

I want an eraser.　（five）

（4）正しい英文になるように{　　　}内の語句を並べかえて、文を完成させなさい。

私たちは今、音楽を楽しんでいます。

{　music / now / we / are / enjoying　}.

（5）次の対話文を読んで、あとの質問に答えなさい。

Kota :　①Are your brothers writing English ?

Aya　:　②Yes, （　　　）（　　　）.

①　下線部を日本語に訳しなさい。

②　（　　　）に適する語を書きなさい。

（1）		（2）（　　　　）（　　　　） you （　　　　） now ?	
（3）		（4）	.
（5）①		② Yes, （　　　）（　　　）.	

（1）（　　　）から適する語を選びなさい。

（ Be,　Is,　Are) a good boy.

（2）次の日本語を英語になおしなさい。

学校の中では走ってはいけません。

（　　　）（　　　）in the school.

（3）次の文を「…しなさい」という命令文に書きかえなさい。

You are careful.

（4）正しい英文になるように{　　　}内の語句を並べかえて、文を完成させなさい。

彼女のコンピュータを使ってはいけません。

{　use / her / don't / computer　}.

（5）次の対話文を読んで、あとの質問に答えなさい。

Kota : ①Does she use this computer ?

Aya : ②No, (　　　)(　　　).

① 下線部を日本語に訳しなさい。

② （　　　）に適する語を書きなさい。

(1)	(2) (　　　　　　)(　　　　　　) in the school.	
(3)	(4)	.
(5) ①	② No, (　　　　)(　　　　).	

（1）（　　　）から適する語を選びなさい。

He can (swim,　swims,　swimming) in summer.

（2）次の日本語を英語になおしなさい。

私は英語の本を読むことができません。

I (　　　)(　　　)(　　　) books.

（3）次の文を「…できる」という意味の語句を加えて書きかえなさい。

Shinji uses a computer.

（4）正しい英文になるように{　　}内の語句を並べかえて、文を完成させなさい。

いつあなたたちは富士山に登ることができますか。

{　climb / when / you / Mt. Fuji / can　}？

（5）次の対話文を読んで、あとの質問に答えなさい。

Kota :　①Look at this *kanji*.　②(　　　) you read it？

Aya　:　Yes, I can.

①　下線部を日本語に訳しなさい。

②　（　　　）に適する語を書きなさい。

（1）	（2）I (　　　)(　　　)(　　　) books.		
（3）	（4）		？
（5）①	②(　　　) you read it？		

/ 6 問

（1）（　　　）から適する語を選びなさい。

I (watch,　watches,　watched) TV yesterday.

（2）次の日本語を英語になおしなさい。

私たちは今朝早く学校に来ました。

We (　　　)(　　　)(　　　) early this morning.

（3）次の文を否定文にかえなさい。

Taro made lunch for his family.

（4）正しい英文になるように{　　}内の語句を並べかえて、文を完成させなさい。

あなたはどのようにして公園へ行きましたか。

{　did / the park / you / how / go / to　}?

（5）次の対話文を読んで、あとの質問に答えなさい。

Kota : ①Did you travel this winter?

Aya ： ②Yes, (　　　)(　　　).

①　下線部を日本語に訳しなさい。

②　（　　　）に適する語を書きなさい。

(1)	(2) We (　　　)(　　　)(　　　) early this morning.
(3)	
(4)	?
(5) ①	② Yes, (　　　)(　　　).

（1）（　　　）から適する語を選びなさい。

I have some (picture,　pictures).

（2）次の日本語を英語になおしなさい。

あなたは友達が何人いますか。

（　　　）（　　　）（　　　）do you have ?

（3）次の文を疑問文にかえなさい。

Soccer is interesting.

（4）正しい英文になるように{　　}内の語句を並べかえて、文を完成させなさい。

あなたは昼食に何を食べますか。

{　do / for / you / lunch / what / eat　}?

（5）次の対話文を読んで、あとの質問に答えなさい。

Kota : ①(　　　　) wrong ?

Aya　: ②I have a headache.

① 「どうしましたか。」と体調をたずねる文になるように（　　　　）に適する語を書きなさい。

② 下線部を日本語に訳しなさい。

（1）	（2）(　　　)(　　　)(　　　) do you have ?		
（3）	（4）　　　　　　　　　　　　　　　?		
（5）①(　　　　) wrong ?	②		

（1）（　　）から適する語を選びなさい。

How many (pen,　pens) do you have ?

（2）次の日本語を英語になおしなさい。

あなたはその花について知っていますか。

（　　　　）（　　　　）（　　　　）（　　　　） the flower ?

（3）次の文の下線部を（　　）内の語にかえて、全文を書きかえなさい。

I live in Japan.　　　　　（ John ）

（4）正しい英文になるように{　　}内の語句を並べかえて、文を完成させなさい。

彼女はときどき英語を教えます。

{　sometimes / teaches / she / English　}.

（5）アレックスが一日の生活を書いた文を読んで、あとの質問に答えなさい。

①I (　　)(　　) at seven.　I leave home at eight.　I go to school by bus.

②I get to school at eight twenty.

① 「7時に起きます。」という意味の文になるように（　　）に適する語を書きなさい。

② 下線部を日本語に訳しなさい。

(1)	(2) (　　)（　　）（　　）（　　） the flower ?		
(3)	(4)		
(5) ①I (　　)（　　） at seven.　②			

（1）（　　　）から適する語を選びなさい。

These (is, 　am, 　are) pictures of my family.

（2）次の日本語を英語になおしなさい。

サキは青い目をした少女です。

Saki (　　　) a girl (　　　) blue eyes.

（3）次の文の下線部を（　　）内の語にかえて、全文を書きかえなさい。

My sister has many books. 　　　　（ I ）

（4）正しい英文になるように{　　}内の語句を並べかえて、文を完成させなさい。

私はそれについて知りたいです。

{ 　about / I / know / it / want / to 　}.

（5）次の対話文を読んで、あとの質問に答えなさい。

A ： Excuse me. 　　①Where's the Hospital ?

B ： ②(　　　　)(　　　　), I don't know.

① 下線部を日本語に訳しなさい。

② 「すみません、わかりません。」となるように（　　　）に適する語を書きなさい。

(1)	(2) Saki (　　　　) a girl (　　　　) blue eyes.	
(3)	(4)	.
(5) ①	② (　　　)(　　　　), I don't know.	

（1）（　　　）から適する語を選びなさい。

He lives (at,　on,　in) Australia.

（2）次の日本語を英語になおしなさい。

彼はビーチの近くに住んでいますか。

（　　　）he（　　　）（　　　）the beach ?

（3）次の文の下線部を、1語の代名詞にかえて全文を書きなさい。

We like Miki and Becky.

（4）正しい英文になるように｛　　　｝内の語句を並べかえて、文を完成させなさい。

あなたは彼女について知っていますか。

｛　you / know / her / do / about　｝?

（5）次の対話文を読んで、あとの質問に答えなさい。

A：①（　　　　　）guitar is that ?

B：②それは私のものです。

① （　　　　）内に適する語を書きなさい。

② 下線部を英文にしなさい。

(1)	(2) (　　　　　) he (　　　　　)(　　　　　) the beach ?	
(3)	(4)	?
(5) ①	②	

（1） （　　　）から適する語を選びなさい。

We have our sports day (in, at, on) May.

（2） 次の日本語を英語になおしなさい。

彼らは先週その公園に行きませんでした。

They (　　　)(　　　)(　　　) the park last week.

（3） 次の文を否定文にかえなさい。

My sister came back from Australia last week.

（4） 正しい英文になるように{　　}内の語句を並べかえて、文を完成させなさい。

ケンはたくさんのネコを飼っています。

{ a / cats / Ken / has / of / lot }.

（5） 次の対話文を読んで、あとの質問に答えなさい。

A : ①Excuse me.　I'm (look) for a bookstore.

B : ②Turn left at the post office.

① （　　　）内の語を適する形にしなさい。

② 下線部を日本語に訳しなさい。

（1）	（2） They (　　　)(　　　)(　　　) the park last week.
（3）	
（4）	.
（5） ①	②

（1）（　　　　）から適する語を選びなさい。

I (study,　studies,　studying) English every day.

（2）次の日本語を英語になおしなさい。

あなたは毎日ピアノを練習しますか。

Do you (　　　　) the piano (　　　　)(　　　　)?

（3）次の文を「…しなさい」と指示する文に書きかえなさい。

You study math.

（4）正しい英文になるように{　　　}内の語句を並べかえて、文を完成させなさい。

あなたは箱をいくつ持っていますか。

{　many / boxes / you / do / have / how　}?

（5）次の対話文を読んで、あとの質問に答えなさい。

A：①Does Tom live near the beach ?

B：②Yes, (　　　　)(　　　　).

① 下線部を日本語に訳しなさい。

② （　　　　）に適する語を書きなさい。

（1）	（2）Do you (　　　　) the piano (　　　　)(　　　　)?	
（3）	（4）	?
（5）①	② Yes, (　　　　)(　　　　).	

（1）（　　　）から適する語を選びなさい。

Emma does not (talk,　talks) about animals.

（2）次の日本語を英語になおしなさい。

土曜日はひまですか。

（　　　）you（　　　）（　　　）Saturday ?

（3）次の文の下線部を（　　）内の指示にしたがって書きかえなさい。

Do you have a book ?　　　　（ 下線部を any にかえて）

（4）正しい英文になるように{　　}内の語句を並べかえて、文を完成させなさい。

毎週金曜日にサッカーを練習しましょう。

{　practice / every / Friday / soccer / let's　}.

（5）次の対話文を読んで、あとの質問に答えなさい。

A :　①(　　　) is your notebook ?

B :　It's by the desk.

①　（　　　）内に適する語を書きなさい。

②　下線部を日本語に訳しなさい。

（1）	（2）（　　　　　）you（　　　　　）（　　　　　）Saturday ?		
（3）		（4）	.
（5）①		②	

/ 6 問

（1）（　　　　）から適する語を選びなさい。

Look at (this, 　that, 　those) girls in the park.

（2）次の日本語を英語になおしなさい。

あなたたちはどこで英語を勉強しましたか。

（　　　）（　　　　）you（　　　　　）English ?

（3）次の文を疑問文にかえなさい。

Saki's sister is drinking water now.

（4）正しい英文になるように{　　　}内の語句を並べかえて、文を完成させなさい。

私はふつうは7時に起きます。

{　I / at / seven / up / get / usually　}.

（5）次の(　　　　)内に適する語を書きなさい。

Sunday— ① (　　　　　　) — Tuesday — Wednesday

— Thursday — ② (　　　　　) — Saturday

（1）		（2） （　　　　）（　　　） you （　　　　） English ?		
（3）				
（4）				.
（5） ①			②	

51

1 年　英語

（1）（　　　）から適する語を選びなさい。

My parents have (some,　any) rabbits.

（2）次の日本語を英語になおしなさい。

この本は難しくありません。

This book (　　　)(　　　)(　　　).

（3）次の文を、下線部が答えの中心となる疑問文にしなさい。

He plays tennis every day.

（4）正しい英文になるように{　　}内の語句を並べかえて、文を完成させなさい。

彼女はときどき音楽を教えます。

{　sometimes / teaches / music / she　}.

（5）次の(　　　)内に適する語を書きなさい。

① (　　　　　) ― Monday ― ② (　　　　　) ― Wednesday

― Thursday ― Friday ― Saturday

（1）	（2）This book (　　　)(　　　)(　　　).
（3）	（4）　　　　　　　　　　　　　　　　．
（5）①	②

（1）（　　　）から適する語を選びなさい。

I (study,　studies,　studied) math last night.

（2）次の日本語を英語になおしなさい。

アレックスはいつサッカーを練習しましたか。

（　　　）（　　　）Alex（　　　）soccer ?

（3）次の文を、下線部が答えの中心となる疑問文にしなさい。

Mr. Suzuki lives in Kyoto.

（4）正しい英文になるように{　　　}内の語句を並べかえて、文を完成させなさい。

彼は何語を話しますか。

{　language / does / he / speak / what　} ?

（5）次の（　　　）内に適する語を書きなさい。

Sunday ― Monday ― Tuesday ― ① (　　　　　　　)

― ② (　　　　　　　) ― Friday ― Saturday

(1)	(2) (　　　　　)(　　　　) Alex (　　　　　) soccer ?
(3)	(4)　　　　　　　　　　　　　　　　　　?
(5) ①	②

（1）（　　　）から適する語を選びなさい。

（ Who,　When,　How) is this girl ?　—　She's my sister.

（2）次の日本語を英語になおしなさい。

あなたはどのようにして駅へ行きますか。

（　　　）（　　　　　）you go to the station ?

（3）次の文を、下線部が答えの中心となる疑問文にしなさい。

This is my pencil.

（4）正しい英文になるように{　　　}内の語句を並べかえて、文を完成させなさい。

あなたのお姉さんは何歳ですか。

{　old / sister / is / how / your　}?

（5）次の対話文を読んで、あとの質問に答えなさい。

A :　①What time does your mother get up ?

B :　She gets up ②(　　　) seven.

①　下線部を日本語に訳しなさい。

②　（　　　)に適する語を書きなさい。

(1)	(2) (　　　　　)(　　　　　) you go to the station ?		
(3)		(4)	?
(5) ①		②	

/ 6点

（1）（　　　）から適する語を選びなさい。

　　　We don't use that (in,　on,　at) my country.

（2）次の日本語を英語になおしなさい。

　　　あなたは朝食に何を食べますか。

　　　（　　　）（　　　） you eat （　　　） breakfast ?

（3）次の文を（　　　）内の指示にしたがって書きかえなさい。

　　　I play tennis <u>every Saturday</u>.　　（下線部を now にかえて進行形の形に）

（4）正しい英文になるように{　　}内の語句を並べかえて、文を完成させなさい。

　　　あなたのお父さんは今、何をしていますか。

　　　{　your / father / doing / now / what's　} ?

（5）次の対話文を読んで、あとの質問に答えなさい。

　　　A : <u>①(you / me / with / my homework / can / help)</u> ?

　　　B :　Sorry, I can't.　I'm ②(play) the piano now.

　　①　（　　　）内の語を並べかえて正しい英文にしなさい。

　　②　（　　　）内の語を適する形にしなさい。

（1）	（2）（　　　　）（　　　　　） you eat （　　　） breakfast ?	
（3）	（4）　　　　　　　　　　　　　　　　　　?	
（5）①	②	

55

1年　英語

（1）（　　　）から適する語を選びなさい。

Is that (a,　an) amusement park ?

（2）次の日本語を英語になおしなさい。

あなたは彼を知っていますか。

（　　　）you（　　　）him ?

（3）次の文を（　　　）内の指示にしたがって書きかえなさい。

You are a good student.　　　　（命令文に）

（4）正しい英文になるように{　　　}内の語句を並べかえて、文を完成させなさい。

ここで昼食を食べましょう。

{　here / have / let's / lunch　}.

（5）次の対話文を読んで、あとの質問に答えなさい。

A：①What was Mike doing ?

B：　He was ②(read) a book.

①　下線部を日本語に訳しなさい。

②　（　　　）内の語を適する形にしなさい。

（1）	（2）（　　　　）you（　　　　　）him ?	
（3）	（4）	．
（5）①		②

/6 問

（1）（　　　）から適する語を選びなさい。

Taro helps (I,　my,　me,　mine) every day.

（2）次の日本語を英語になおしなさい。

彼は1本のペンと2冊の本を持っています。

He (　　　) a pen and two (　　　).

（3）次の文を（　　　）内の指示にしたがって書きかえなさい。

You swim in this river.　（don't を用いて「〜してはいけない。」という命令文に）

（4）正しい英文になるように{　　}内の語句を並べかえて、文を完成させなさい。

あなたはピアノもひきますか。

{　you / , / too / do / play / the piano　}?

（5）次の（　　　）内に適する語を書きなさい。

January — ①(　　　　　) — March — ②(　　　　　) — May

（1）	（2）He (　　　) a pen and two (　　　).	
（3）	（4）	?
（5）①	②	

1年　英語

（1）（　　　　）から適する語を選びなさい。

My school starts（ in,　at,　on ）nine.

（2）次の日本語を英語になおしなさい。

私の妹はバスケットボールを練習しています。

My sister is（　　　　）（　　　　）.

（3）次の文を（　　　　）内の指示にしたがって書きかえなさい。

Taro is <u>fifteen years old</u>.　　　　（下線部をたずねる疑問文に）

（4）正しい英文になるように{　　　}内の語句を並べかえて、文を完成させなさい。

彼女はどんな食べ物が好きですか。

{　food / does / she / what / like　}？

（5）次の（　　　　）内に適する語を書きなさい。

May － ①(　　　　　　) － July － ②(　　　　　　) － September

(1)	(2) My sister is (　　　　　　　　)(　　　　　　　　).
(3)	(4)　　　　　　　　　　　　　　　　　　?
(5) ①	②

（1）（　　　）から適する語を選びなさい。

She (is,　do,　does) not talk about it.

（2）次の日本語を英語になおしなさい。

あれはだれの辞書ですか。

（　　　）（　　　　　） is that ?

（3）次の文を（　　　）内の指示にしたがって書きかえなさい。

Taro goes to tennis school every Sunday.　　（下線部をたずねる疑問文に）

（4）正しい英文になるように{　　}内の語句を並べかえて、文を完成させなさい。

彼は泳ぐのが得意です。

{　is / good / swimming / he / at　}.

（5）次の（　　　）内に適する語を書きなさい。

September — ①(O　　　　) — November — ②(D　　　　)

(1)	(2) (　　　　　)(　　　　　　　　　) is that ?	
(3)		
(4)		.
(5) ①		②

（1）（　　　）から適する語を選びなさい。

Do you have (some,　any) pets ?

（2）次の日本語を英語になおしなさい。

あなたたちはレモンを何個持っていますか。

（　　　　）（　　　　）（　　　　　　） do you have ?

（3）次の文を（　　　　）内の指示にしたがって書きかえなさい。

Mr. Tomita teaches music.　　　　（疑問文に）

（4）正しい英文になるように{　　　}内の語句を並べかえて、文を完成させなさい。

あなたは朝食に何を食べますか。

{　do / have / you / for / breakfast / what　} ?

（5）次の対話文を読んで、あとの質問に答えなさい。

A：①I often have toast and milk.

B：②あなたはどうですか。

①　下線部を日本語に訳しなさい。

②　3語の英文にしなさい。

（1）	（2）（　　　）（　　　）（　　　） do you have ?		
（3）			
（4）			?
（5）①		②	

（1）（　　　）から適する語を選びなさい。

　　　She made breakfast for (we,　our,　us,　ours).

（2）次の日本語を英語になおしなさい。

　　　ケンジは彼の友達と一緒にサッカーをします。

　　　Kenji (　　　　) soccer (　　　　　) his friends.

（3）次の文を（　　　）内の指示にしたがって書きかえなさい。

　　　We can climb it during winter.　　　　（否定文に）

（4）正しい英文になるように{　　　}内の語句を並べかえて、文を完成させなさい。

　　　あなたはご飯とトーストのどちらを食べますか。

　　　{　do / eat / you / which / , / or / rice / toast　}？

（5）次の対話文を読んで、あとの質問に答えなさい。

　　　A：①Is Bill your friend ?

　　　B：　Yes, he is. ②(　　　　)(　　　　)(　　　)(　　　　).

　　①　下線部を日本語に訳しなさい。

　　②　「私たちはよい友達です。」という英文にしなさい。

（1）	（2）Kenji (　　　　　) soccer (　　　　　) his friends.	
（3）		
（4）		？
（5）①	②	

/ 6問

（1）（　　　）から適する語を選びなさい。

Whose eraser is this ?　—　It's (I,　my,　me,　mine).

（2）次の日本語を英語になおしなさい。

ケンジと私は熊本出身です。

Kenji and I (　　　　)(　　　　) Kumamoto.

（3）次の文を（　　　）内の指示にしたがって書きかえなさい。

You have <u>twelve</u> eggs.　　　　（下線部が答えの中心となる疑問文に）

（4）正しい英文になるように{　　}内の語句を並べかえて、文を完成させなさい。

あなたの友達は英語を話しましたか。

{　did / speak / your / English / friend　}？

（5）次の対話文を読んで、あとの質問に答えなさい。

A :　^①<u>Did you go there ?</u>

B :　Yes, I did. ^②I (＿＿＿)(＿＿＿)(＿＿＿).

①　下線部を日本語に訳しなさい。

②　「私は昨日、そこへ行きました。」という英文にしなさい。

（1）	（2）Kenji and I (　　　　)(　　　　) Kumamoto.	
（3）		
（4）		？
（5）①		②I (　　　)(　　　)(　　　).

　　　　　　　　　　　　　　　　　　1 年　英語

国　語

私たちが口にするハチミツは、どのようにして甘くておいしいものになるのでしょうか。それは、ミツバチのはたらきによるものなのです。ミツバチは花の蜜をなめ、①それを飲み込みます。そして、巣に②モドると、一度飲み込んだ蜜を巣の中に吐き出します。花の蜜は甘い糖なのですが、ミツバチがその甘い糖と自分のだ液を混ぜて、より甘くておいしい糖に変えます。（　　　）、巣の中に、それを吐き出すときに、羽で③カワかして余分な水分が蜜に残らないようにしています。この一連のミツバチのはたらきによってできたハチミツを私たちは頂いているのです。

問一　②モド、③カワをそれぞれ漢字になおしなさい。

問二　①それは何を指すか、書きなさい。

問三　（　）に入る適切な接続詞を、次から一つ選びなさい。

　　ア　だが　　イ　よって　　ウ　ところで　　エ　また

問四　本文の内容として適切なものを、次から一つ選びなさい。

　　ア　ハチミツは花の蜜ほどには甘くない。

　　イ　ハチミツの甘さは巣の中で次第に増す。

　　ウ　ハチミツの甘さは花の蜜とハチのだ液が混ざることでできる。

問一②	③	問二
問三	問四	

　音楽には不思議な力がある。音楽は、人の悲しみを①和らげてくれたり、②コウフンした心を落ち着かせてくれたり、時には心を弾ませてくれたり、さまざまな影響を人間の心に及ぼしている。音楽は太古より人間のかたわらに存在し、人間の心に③大きな影響を与えてくれる不可欠な存在である。

問一　①和をひらがなに、②コウフンを漢字にそれぞれなおしなさい。

問二　③大きなの品詞を、次から一つ選びなさい。

　　ア　名詞　　イ　形容詞　　ウ　連体詞　　エ　副詞

問三　この文章をまとめた次の文の□□□にあてはまる言葉を、それぞれ書き抜きなさい。

　　音楽は人間の心にさまざまな影響を及ぼす　あ　　な力があり、　い　　な存在である。

問一①	②	問二
問三 あ	い	

奈良の東大寺南大門に①ある有名な「金剛力士像」は、別名を仁王（におう）といいます。鎌倉時代に運慶（うんけい）と弟子の快慶（かいけい）によってつくられました。迫力のある②勇ましい姿や③形相は、見るものを④圧倒します。門の両脇に立ち、寺の中に悪いものが入ってこないように見張っている、寺の守り神なのです。

問一　②勇　③形相　をそれぞれひらがなになおしなさい。

問二　①ある　と同じ品詞のものを、次から一つ選びなさい。

　　ア　ある日のことだった。

　　イ　ある人に会いたい。

　　ウ　カバンに数冊の本がある。

問三　④圧倒　の言葉の用い方として正しくないものを、次から一つ選びなさい。

　　ア　二つのチームの勝負は圧倒的に引き分けだ。

　　イ　彼の計算力は他の人を圧倒する。

　　ウ　迫力ある演奏に圧倒される。

問一②	③	問二	問三

祖父は朝早くから庭の盆栽の手入れに余念がなかった。大きいコンテストで金賞をとった盆栽は、単体で見てもすごさがわからなかったが、他と並んでいると［　　］貫禄がちがっていた。すでに支度が終わっている僕に気づかないほど、祖父は夢中になって盆栽をいじっていた。「きょう何の日か忘れてないよね」と僕がたずねると、ようやく僕の存在に気づいて笑顔をこちらに向けたが、「はて、何かあったのう」と間抜けたことを言った。

問一　余念がなかった　の意味として適切なものを、次から一つ選びなさい。

ア　盆栽のこと以外は何も考えず、丹精込めて手入れをしていた。

イ　次のコンテストまで時間が無いため、あせった様子で手入れをしていた。

ウ　盆栽の他に挑戦したいものを考えながら、ぼんやりと手入れをしていた。

エ　この後控えている用事に間に合うように、急いで手入れをしていた。

問二　本文中の［　　］に入る語句として適切なものを、次から一つ選びなさい。

ア　やはり　　イ　ようやく　　ウ　それから　　エ　むしろ

問三　本文の内容として適切なものを、次から一つ選びなさい。

ア　祖父は試行錯誤しながら、ようやく自分が理想とする盆栽を完成させた。

イ　僕は祖父よりも早起きをして、盆栽の手入れを手伝った。

ウ　祖父はきょうが何の日かをすっかり忘れていた。

エ　僕の両親は二人とも忙しいので、しばらく会えていない。

問一	問二	問三

第五回テスト

／４問

帰りの電車を待ちながら編み物をする。夏帆の①至福の時間だ。部活ではデイベアを編んでいるが、学校を出たらタコを編む。自分で思い②描いたものが少しずつ形になっていくさまが好きなのだが、デイベアは夏帆が考えたものではないため、どうも手が進まない。③バザーに出す作品を決めるとき、タコは女の子らしくないからという理由でデイベアにかえられた。タコが女の子らしくないって誰が決めたのだろう。女の子らしさってなんだろう。そんなことを考えながら編んでいると、④かたい結び目ができてしまった。

問一　①至福の時間の意味として適切なものを、次から一つ選びなさい。

ア　苦痛な時間　　イ　最高のひととき　　ウ　無心になれる時間

問二　②描 の部首名を書きなさい。

問三　傍線部③の文はいくつの文節からできているか。

問四　傍線部④から読み取れる「夏帆」の様子として適切なものを、次から一つ選びなさい。

ア　編み物が上手にできないのは女の子らしくないからだと部員に決めつけられて、なげやりになっている様子。

イ　女の子らしいタコをつくるにはどのようにするとよいかわからず、焦っている様子。

ウ　意に反してデイベアをつくることになり、好きな編み物に集中できていない様子。

エ　バザーに出品する作品がようやく決まり、はりきって力が入りすぎている様子。

問一	問二	問三	問四

江戸時代には、「寺子屋」とよばれる学校が、日本各地にありました。①そこでは、庶民の多くの子どもたちがそろばん、地理、歴史、農業のしかたなどを勉強しました。江戸時代末期に②ライコウしたアメリカのペリーは、日本の教育水準に驚き、いつかアメリカの強力な③キョウソウ相手となるだろうと言ったそうです。例えば、十八世紀の識字率は、イギリスが二十五％、フランスが九％であったのに対し、日本は七十から八十％でした。

※識字率…文字の読み書きや文章を理解できる人の割合のこと

問一　②ライコウ、③キョウソウをそれぞれ漢字になおしなさい。

問二　①そこは何を指すか、書きなさい。

問三　本文の内容として適切なものを、次から一つ選びなさい。

ア　「寺子屋」では、子どもから大人のだれもが読み書き、そろばんなどを勉強した。

イ　ペリーは、いずれ日本はアメリカの強力なキョウソウ相手になるだろうと言った。

ウ　日本の識字率は、アメリカ、イギリスに次いで世界で三番目の高さだった。

問一②	③	問二	問三

第七回テスト

斎藤さんが読んでいる本が、いつも読んでいる本とは明らかに違っていた。本のタイトルはかすかにしか見えないが、「心理学」という文字だけ読み取れた。最近では斎藤さんの真似をして僕も歴史小説を読み始めたのに、何ということだ。調べなければ。斎藤さんが本を戻し、図書室から出た後、僕は専門書が置いてある棚へ向かった。

　初めて訪れた専門書コーナーは①イゴコチが悪かったが、斎藤さんが読んでいた本を②血眼になって探した。やっと見つけたその本はありきたりな専門書だったが、その本の隣に、③なぜか僕の目を引いた一冊の本があった。

問一　①イゴコチ を漢字になおしなさい。

問二　②血眼になって と同様の意味のものを、次から一つ選びなさい。

　　ア　夢中になって　　イ　尾を引いて　　ウ　首を長くして

問三　傍線部③の文節の区切り方が正しい方を、次から選びなさい。

　　ア　なぜか＼僕の＼目を＼引いた＼一冊の＼本が＼あった。

　　イ　なぜか＼僕の＼目を引いた＼一冊の＼本があった。

問四　本文の内容として適切なものを、次から一つ選びなさい。

　　ア　僕は最近、歴史小説を読んでいる。

　　イ　僕は心理学の勉強をしている。

　　ウ　斎藤さんは本にしか興味を持っていない。

問一	問二	問三	問四

宗教とはそもそも「神仏など、超人間的・絶対的なものを①シンコウして、安心や幸福を得ようとすること」と、辞書に書かれている。宗教の起源としては、その当時、原因がわからなかった雷や噴火、病気や日照りなどが、神によるものとして納得していたところから始まっている。

（　②　）、長い年月が経つにつれて、科学の進歩により様々な現象の原因がわかるようになり、宗教の③権威は④衰えていったのである。それでも、現在まで「初詣」や「お墓参り」・「クリスマス」など、　⑤　な風習はなぜ続いているのだろうか。

問一　①シンコウを漢字に、③権威、④衰えるをひらがなにそれぞれなおしなさい。

問二　（　②　）に入る接続詞はなにか。適切なものを次から一つ選びなさい。

　　ア　よって　　イ　さらに　　ウ　もし　　エ　しかし

71

問三　　⑤　の部分に入れるのに最も適切なものを、次から一つ選びなさい。

　　ア　身勝手　　イ　楽観的　　ウ　宗教的　　エ　神秘的

問四　本文の内容として適切なものを、次から一つ選びなさい。

　　ア　宗教はもともと人々がお祭り騒ぎをするための口実としてできた。

　　イ　宗教は科学の進歩によってその権威が衰えた。

　　ウ　宗教がないと人は生きる希望が無くなる。

問一①	③	④
問二	問三	問四

少し前までは、会話の合間で聞かれる「かわいい」という言葉について、国語①ジテンに載っている意味ではなく、会話上の潤滑油などとして使う若者に対し、使用者の語彙力の無さを嘆く大人が多かった。　　　、その若者たちが社会に進出したころ、「かわいい」は日本だけでなく、海外でも②普及し、「かわいい」に社会的交流を促進する力があることがわかると、はじめはあきれていた大人たちもこぞって便乗したのだ。そうして、大人たちは若者から「かわいい」と言われるためのデザインの商品を開発するようになり、世の中に出回るようになった。

問一　①ジテンを漢字に、②普及をひらがなにそれぞれなおしなさい。

問二　　　　　に入る語句として適切なものを、次の中から一つ選びなさい。

　　ア　そして　　イ　つまり　　ウ　しかし　　エ　たとえば

問三　本文の内容として適切なものを、次から一つ選びなさい。

　　ア　「かわいい」という言葉を使う人はみな、語彙力がない。

　　イ　「かわいい」が世間に認知されると、大人は手のひらを返したように賛同し、商品開発に結び付けた。

　　ウ　「かわいい」は、昔はいろいろな意味で使われていたが、今は本来の意味でしか使われていない。

　　エ　「かわいい」商品を作るためには、女性の意見が不可欠である。

問一①	②	問二	問三

第十回テスト　　／4問

　少子化問題への対策として政府は、「結婚・出産に対する環境の整備」・「夫婦共働きへの配慮」などを行っている。　①　、生活様式や価値観などが多様化した近年では、これらの対策で本当に少子化が改善されるのかはいささか疑問である。昔と違い必ずしも結婚することが幸せの基準ではなくなった現代では、金銭面など結婚・出産に対するデメリットがよく目立つようになってしまった。このままでは少子化は加速する一方になってしまいかねない。　②　すぐにでも結婚・出産に対するデメリットの解消、もしくはメリットの増大を行わなければならないと私は思う。

問一　①、②に入る適切な語句を、次から一つずつ選びなさい。

　　ア　もし　　イ　もしくは　　ウ　しかし　　エ　したがって　　オ　たとえ

問二　いささか　の意味として適切なものを、次から一つ選びなさい。

　　ア　おおいに　　イ　特別　　ウ　少しばかり　　エ　たいそう

問三　本文の内容として適切なものを、次から一つ選びなさい。

　　ア　筆者は、政府の少子化への対策に疑問を抱いている。
　　イ　筆者は、結婚はデメリットしかないと論じている。
　　ウ　結婚した人に政府がお金を配ることで少子化は解消する。
　　エ　老後にしか生活を楽しむことができない時代があった。

問一①	②	問二	問三

「危ないぞお、もう少し離れろ」そう言いながら父ちゃんは市販の打ち上げ花火の短い導火線に火をつけた。僕は慌てて二、三歩①リゾくと、②固唾をのんで導火線を見つめた。大きな爆発音とともに、花火は空を昇っていき、一瞬きれいな花を咲かせて空の中に消えた。父ちゃんが次の花火を③ジュンビしている様子はない。しんと静まりかえった空は、いつもより黒く感じた。どうやら一発目はないらしい。僕のわがままに付き合ってもらったのだけど、逆に切なくなってしまった夜だった。

問一　①リゾく・③ジュンビをそれぞれ漢字になおしなさい。

問二　②固唾をのんでの本文中での意味として最も適当なものを、次から一つ選びなさい。

　　ア　危険な様子におびえて　　イ　どうしてなのかと不思議に思って
　　ウ　じっと息を殺して　　エ　そっと気持ちを落ち着けて

問三　本文の内容として適切なものを、次から一つ選びなさい。

　　ア　僕は花火の後に切なさを感じ、一発だけなら見ないほうがよかったと感じた。
　　イ　父ちゃんが買ってきた花火が思ったより大きくて、僕は大満足だった。
　　ウ　打ち上がった花火が、期待していたような大きな花火ではなく、僕はがっかりした。

問一　①	③	問二	問三

／5問

　Z世代という言葉をよく聞く。大まかに十代から二十代の世代をそう呼ぶ。Z世代は、三十代以上の年代に比べると、テレビ、新聞などのマスメディア離れが①顕著で、その代わりインターネット環境での情報収集が当たり前であるという②トクチョウがある。インターネット環境下では、ありとあらゆる情報を手軽に入手することが③容易である。（　　）、情報リテラシーを身に付ける必要がある世代であるとも言える。

問一　①顕著をひらがなに、②トクチョウを漢字にそれぞれなおしなさい。

問二　③容易の対義語を漢字二字で書きなさい。

問三　（　　）に入る適切な接続語を、次から一つ選びなさい。

　　ア　しかし　　イ　そのため　　ウ　なぜなら　　エ　その逆に

問四　本文の内容として適切でないものを、次から一つ選びなさい。

　　ア　二十代前後の人たちはZ世代に入る。
　　イ　三十代の人たちは新聞などのメディア利用が苦手である。
　　ウ　Z世代の人たちはインターネットで情報を得ることが多い。
　　エ　Z世代は情報リテラシーを身に付けなければならない世代である。

問一①	②	問二
問三	問四	

76

問一　次の言葉を現代仮名遣いになおし、すべてひらがなで書きなさい。

① あはれなり　② くはして　③ 言ふやう　④ あたり

問二　次の言葉を現代仮名遣いになおし、すべてひらがなで書きなさい。

① 問ふ　② けふ　③ うつくしう　④ よろづ

問三　次の古典の言葉の意味として適切なものを、それぞれ一つ選びなさい。

① うつくし　② あやしがる　③ にはかに　④ をかし

　ア　趣がある　　　イ　不思議に思う
　ウ　突然　　　　　エ　かわいらしい

問四　次の古典の言葉の意味として適切なものを、それぞれ一つ選びなさい。

① いと　② わろし　③ あまた　④ のたまふ

　ア　おっしゃる　　イ　見劣りする
　ウ　まことに　　　エ　たくさん

問一①	②	③	④
問二①	②	③	④
問三①	②	③	④
問四①	②	③	④

第十四回テスト

　水なしの池こそ、①あやしう、などつけけるならむとて、問ひしかば、「五月など、すべて雨いたう降らむとする年は、この池に水といふものなくなる。また、②ひでり照るべき年は、春のはじめに、水なむ多く出づる」と言ひしを、「無下になく、乾きてあらばこそ、さも言はめ、出づるものもあるを、一筋にもつけけるかな」と、言はまほしかりしか。

（「枕草子」より）

（現代語訳）

　水なし池（という名前）は、（池なのに水がないというのは）□□□□、どうしてこのような名前を付けたのかと人に聞いてみると、「（雨の多い）五月など、とにかくいつものように雨がひどく降ろうとする年には、この池には水という水がまったくなくなってしまうのです。また、ひどく日照りが続くような年には、春のはじめに、水がたくさん湧き出てくるのです」と答えたが、「全然（水が）なくて、常に乾いているなら、（水なし池という名前を付けても）いいが、水が出るときもあるというのに、一方的に名前を付けてしまったものですね」と言い返したくなってしまった。

問一　①あやしう の意味として正しいもの（現代語訳中の□□□□に当てはまるもの）を次から一つ選びなさい。

　　ア　不思議に思って　　イ　面白く思って　　ウ　悲しく思って

問二　②ひでり を現代仮名遣いになおしなさい。

問三　本文の内容に合うものを、次から一つ選びなさい。

　　ア　常に水があるのに水なし池という名前になっていることに疑問を持った。

　　イ　五月などひどく雨が降る年は、池が干からびてしまう。

　　ウ　水なし池は無限に水が湧き出る池である。

問四　枕草子の作者は誰か。

問一	問二	問三	問四

第十五回テスト

問一 次の各文について、文節の区切りとして正しいものを一つ選びなさい。

① 一羽の鳥が空を飛んでいた。

 ア 一羽の鳥が／空を／飛んでいた。

 イ 一羽の／鳥が／空を／飛んで／いた。

 ウ 一羽の／鳥が／空を／飛ん／で／いた。

② あの先生の話はおもしろくない。

 ア あの先生の／話は／おもしろくない。

 イ あの先生の／話は／おもしろく／ない。

 ウ あの／先生の／話は／おもしろく／ない。

問二 次の各文の一線の文節は、文の成分として何にあたるか。適切なものを選べ。

① 私は夏が嫌いです。

② 宿題をさっさと終わらせる。

③ こんにちは、いい天気ですね。

 ア 主語　イ 述語　ウ 修飾語　エ 接続語　オ 独立語

問三 次の各文から、指定された品詞の単語を抜き出しなさい。

① 私は大きな犬を飼っている。《連体詞》

② この問題はさっぱりわからない。《副詞》

③ 晴れた日の海は、とても美しい。《形容詞》

問一①		②	

問二①		②		③	

問三①		②		③	

第十六回テスト

／8問

問一　次の漢文の一線が引いてあるところは、何番目に読むか答えなさい。

① 待レ天 命ヲ

② 百聞、不レ如二一見ニ

問二　次の訓読文を書き下し文に直しなさい。

① 春眠不レ覚レ暁ヲ

② 低レ頭思二故郷ヲ一

問三　次の意味を持つ故事成語を、次から一つ選びなさい。

① 余分なもの。

② 決死の覚悟で、事にあたること。

③ 古いことを研究し、そこから新たに発見すること。

④ 助けがなく、周りが敵だらけであること。

ア　背水の陣　　イ　五十歩百歩　　ウ　暗中模索　　エ　蛇足

オ　温故知新　　カ　漁夫の利　　キ　四面楚歌　　ク　矛盾

問一 ①	②		
問二 ①		②	
問三 ①	②	③	④

漢字　その1

一のカタカナを漢字になおしなさい。（空らんに練習しましょう。）

① 日本の<u>デントウ</u>文化。

② <u>シバフ</u>のある庭。

③ <u>イナカ</u>と都会。

④ 彼は<u>リクツ</u>っぽい人だ。

⑤ 国王の<u>オンケイ</u>を受ける。

⑥ 借りていた本を<u>ヘンキャク</u>する。

⑦ 彼は自分が天才だと<u>サッカク</u>していた。

⑧ 彼女はすごく<u>キンチョウ</u>しているようだ。

漢字　その2

――のカタカナを漢字になおしなさい。（空らんに練習しましょう。）

① 公共のシセツを利用する。

② キセキがおこる。

③ 別れをオしむ。

④ わからない言葉をネットでケンサクする。

⑤ アサガオのメがでた。

⑥ 新入生をカンゲイする。

⑦ データをプリントする。

⑧ 難題にイドむ。

―の漢字の読み方を書きなさい。

① 隔離して保存する。
② 滑らかな坂道。
③ 快い睡眠。
④ 彼は頻繁に手をふく。
⑤ 揚げ物に塩を添える。
⑥ 正義を貫く。
⑦ 傲慢な態度をとる。
⑧ 拍子ぬけである。
⑨ 彼の成績に嫉妬する。
⑩ このテレビは欠陥品だ。
⑪ 侮辱されたくない。
⑫ 一人だと寂しい。
⑬ 顕著な効果が見られた。
⑭ 僅かな時間しかない。
⑮ 権利を侵す。
⑯ 秩序を乱す。

①
②
③
④
⑤
⑥
⑦
⑧
⑨
⑩
⑪
⑫
⑬
⑭
⑮
⑯

⑰ 遠慮がちな性格。
⑱ 渓流を下る。
⑲ 刹那に散りゆく。
⑳ ご意見を承る。
㉑ 必須事項。
㉒ 彼は人一倍敏感だ。
㉓ 摂氏四十度。
㉔ 曖昧な言葉。
㉕ 堤防をつくる。
㉖ 融通が利かない。
㉗ 困難を伴う仕事。
㉘ 今年こそ痩せる。
㉙ 旗を掲げる。
㉚ 糸が緩む。
㉛ 言葉巧みに誘導する。
㉜ 目を背ける。

⑰
⑱
⑲
⑳
㉑
㉒
㉓
㉔
㉕
㉖
㉗
㉘
㉙
㉚
㉛
㉜

数学 解答・解説

解答例 第1回テスト

（1）-10　　（2）$\dfrac{7}{10}$　　（3）$24-6a$　　（4）120円　　（5）ア.三角柱　イ.四角錐　ウ.円錐

解き方

（1）$(-3)-(+7)=-3-7$

（2）$\dfrac{2}{5}+\dfrac{3}{10}=\dfrac{4}{10}+\dfrac{3}{10}$

（3）$6(4-a)=6\times4-6\times a$

（4）ノート1冊の代金をx円とおく。　$3x+8\times90=1080$　これを解くと，$x=120$

解答例 第2回テスト

（1）-0.4　　（2）$5a$　　（3）$x=28$　　（4）$5a+8b=1220$

（5）直線BC, 直線CD, 直線GH, 直線FG

解き方

（2）$12a+(-7a)=12a-7a$

（3）比例式 $a:b=c:d$ ならば，$ad=bc$ である。　　$16:x=4:7$　　$4x=16\times7$

（5）空間内の2直線が平行でなく，交わらないとき，その2直線は，ねじれの位置にあるという。

解答例 第3回テスト

（1）22　　（2）$-\dfrac{7}{3}<-0.3<0<\dfrac{1}{2}$　　（3）15　　（4）12人　　（5）

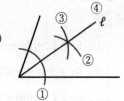

解き方

（1）$(+1)+(-3)\times(-7)=1+21$

（2）$-\dfrac{7}{3}=-2.33\ldots$

（3）$x+2x=3x=3\times5$

（4）生徒の人数をx人とおく。　$4x+1=5x-11$　これを解くと，$x=12$

解答例 第4回テスト

（1）0　　（2）$10x+20$　　（3）$x=6$　　（4）1800 m　　（5）A（2,3）　B（$-3,-\dfrac{9}{2}$）

解き方

（2）$\dfrac{2x+4}{3}\times15=(2x+4)\times5=10x+20$

（3）両辺に6をかける。$6x=6\times\left(\dfrac{1}{6}x+5\right)$　$6x=x+30$　$6x-x=30$　$5x=30$

（4）家から駅までの道のりをx mとおく。

$\dfrac{x}{60}=\dfrac{x}{180}+20$　両辺に180をかける。$180\times\dfrac{x}{60}=180\times\left(\dfrac{x}{180}+20\right)$　$3x=x+3600$

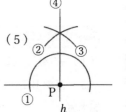

解答例　第5回テスト

（1）6　　（2）$\dfrac{5}{3}$　　（3）$a = 6b - 4$　　（$a - 6b = -4$など）　　（4）600円

（5）弧の長さ　2π cm，　面積　4π cm²

解き方

（1）$(-3)^2 - (+3) = (-3) \times (-3) - 3 = 9 - 3$　　　　（2）$\dfrac{2}{3} \div \dfrac{2}{5} = \dfrac{2}{3} \times \dfrac{5}{2}$

（4）x 円の本を買ったとすると，兄の所持金は $(1600 - x)$円，弟の所持金は $(800 - x)$円　　　兄の

所持金が弟の所持金の5倍になるので，$1600 - x = (800 - x) \times 5$　これを解くと，$x = 600$

（5）弧の長さ：$2 \times \pi \times 4 \times \dfrac{90}{360} = 2\pi$ (cm)　　　　面積：$\pi \times 4 \times 4 \times \dfrac{90}{360} = 4\pi$ (cm²)

解答例　第6回テスト

（1）210　　（2）0.64　　（3）$\dfrac{4}{5}x$ 円（0.8x 円）　　（4）$40(x + 3) = 70x$　　（5）

解き方

（2）$(-0.8) \times (-0.8)$　　　（3）$x \times \left(1 - \dfrac{2}{10}\right) = \dfrac{8}{10}x = \dfrac{4}{5}x$

（4）（妹が進んだ道のり）＝（姉が進んだ道のり）として方程式をつくる。

道のり＝速さ×時間　なので，妹が進んだ道のりは $40(x + 3)$ m，姉が進んだ道のりは $70x$ m

解答例　第7回テスト

（1）11個　　（2）$6h$ cm²　　（3）$x = 13$　　（4）$y = -4x$　　（5）辺JI

解き方

（1）$0, \pm 1, \pm 2, \pm 3, \pm 4, \pm 5$　　　（2）$\dfrac{1}{2} \times 12 \times h$

（3）$4x + 3 = 5(x - 2)$　　$4x + 3 = 5x - 10$　　$4x - 5x = -10 - 3$　　$-x = -13$

（4）y は x に比例するので，$y = ax$ に代入する。$16 = -4a$　　$a = -4$

解答例　第8回テスト

（1）-10　　（2）-81　　（3）$5x - 5$　　（4）$x = \dfrac{7}{4}$　　（5）14分後

解き方

（1）$-9 - \{(-2) - (-3)\} = -9 - (-2 + 3) = -9 - 1$　　　　（2）$-3 \times 3 \times 3 \times 3$

（3）$\dfrac{1}{2}(6x - 2) + \dfrac{1}{6}(12x - 24) = \dfrac{1}{2} \times 6x - \dfrac{1}{2} \times 2 + \dfrac{1}{6} \times 12x - \dfrac{1}{6} \times 24 = 3x - 1 + 2x - 4$

（4）両辺に8をかける。　$8 \times \left(\dfrac{x}{2} - \dfrac{1}{8}\right) = 8 \times \dfrac{3}{4}$　　$4x - 1 = 6$　　$4x = 7$

（5）x 分後に2人ははじめて出会うとする。

同じ地点から同時に反対方向に出発しているので，Aさんが進んだ距離とBさんが進んだ距離

の合計が校舎の外周の距離(2240m)になる。よって，$90x + 70x = 2240$ となり，$x = 14$

解答例　第9回テスト

（1）-42　　（2）$4, 11$　　（3）$100x + 10y + 7$　　（4）$\dfrac{19x + 21y}{40}$ cm　　（5）

解き方

（1）$(-84) \div 14 + (-9) \times 4 = -6 - 36$

（2）正の整数 $1, 2, 3 \cdots$ を自然数という。　　（4）$\dfrac{\text{男子の身長の合計}+\text{女子の身長の合計}}{19 + 21}$

解答例　第10回テスト

（1）-3.1　　（2）4　　（3）$x = -4$　　（4）$a = 31$　　（5）ア. $y = 5x$　イ. $0 \leqq x \leqq 10, \ 0 \leqq y \leqq 50$

解き方

（2）$2 \times \dfrac{1}{2} - 3 \times (-1) = 1 + 3$

（3）$3(12 - x) = 6 \times 8$　　$36 - 3x = 48$　　$-3x = 48 - 36$　　$-3x = 12$

（4）$7 \times 8 - 2a = -6$　　$56 - 2a = -6$　　$-2a = -6 - 56$　　$-2a = -62$

（5）ア　$y = \dfrac{1}{2} \times \text{AB} \times \text{BP}$　　$y = \dfrac{1}{2} \times 10 \times x$　　$y = 5x$

　　　　イ　点 P は辺 BC 上を移動するので，x の範囲は $0 \leqq x \leqq 10$ となる。

　　　　　　y の範囲は $x = 0, \ x = 10$ をそれぞれ $y = 5x$ に代入して求める。

解答例　第11回テスト

（1）-10　　（2）$x = -7$　　（3）$y = -3x$　　（4）$y = -\dfrac{12}{x}$　　（5）36π cm²

解き方

（1）$24 \times \left(-\dfrac{2}{3} + \dfrac{1}{4}\right) = 24 \times \left(-\dfrac{2}{3}\right) + 24 \times \dfrac{1}{4} = -16 + 6$

（2）両辺に 14 をかける。　$14 \times \dfrac{1}{7}x = 14 \times \left(4 + \dfrac{x-3}{2}\right)$　　$2x = 56 + 7(x - 3)$　　$2x = 56 + 7x - 21$

（3）y は x に比例するので，$y = ax$ に代入する。　　$-12 = 4a$　　$a = -3$

（4）y は x に反比例するので，$y = \dfrac{a}{x}$ に代入する。　　$-3 = \dfrac{a}{4}$　　$a = -12$

（5）1番大きい円の面積は，半径 9 cm の円なので $9 \times 9 \times \pi = 81\pi$ (cm²)

　　　　2番目に大きい円の面積は，半径 6 cm の円なので $6 \times 6 \times \pi = 36\pi$ (cm²)

　　　　1番小さい円の面積は，半径 3 cm の円なので $3 \times 3 \times \pi = 9\pi$ (cm²)

　　　　影のついた部分の面積は，1番大きい円 $-$（2番目に大きい円＋1番小さい円）

　　　　で求めることができる。　　よって，$81\pi - (36\pi + 9\pi) = 36\pi$(cm²)

解答例　第12回テスト

（1）5　　（2）$4x$ km　　（3）120 円　　（4）$a = -\dfrac{1}{3}$　　（5）14 cm

解き方

（1）$(-3)^2 - (2^3 - 4) = (-3) \times (-3) - (2 \times 2 \times 2 - 4) = 9 - (8 - 4)$　　（2）道のり＝速さ×時間

（3）鉛筆 1 本の値段を x 円とおく。$500 - (3x + 80) = 60$　　$x = 120$　　（4）$-4 = 12a$ を解く。

（5）てんびんは左右でつりあっているとき，（おもりの重さ）×（支点からの距離）は左右で等しく

　　　　なる。18 g のおもりを支点から x cm のところで支えているとすると，

　　　　$9 \times 28 = x \times 18$　　これを解くと，$x = 14$

1 年　数学

解答例　第13回テスト

（1）5　　　（2）$8a$ cm　　　（3）$x + 3$　　　（4）$y = \dfrac{6}{5}x$　　　（5）64π cm²

解き方

（1）$-13 - 9 \times (-2) = -13 + 18$　　　　　（3）$(6x - 4) - (5x - 7) = 6x - 4 - 5x + 7$

（4）y は x に比例するので $y = ax$ に代入する。　　$6 = 5a$　　$a = \dfrac{6}{5}$

（5）おうぎ形の中心角を $x°$ とすると，

（おうぎ形の弧の長さ）：（円の周の長さ）＝（おうぎ形の中心角の大きさ）：360

$(2\pi \times 4) : (2\pi \times 12) = x : 360$　　　$x(2\pi \times 12) = (2\pi \times 4) \times 360$　　　$x = \dfrac{2\pi \times 4 \times 360}{2\pi \times 12}$

$x = 120$　　　よって，表面積は，$\pi \times 4^2 + \pi \times 12^2 \times \dfrac{120}{360} = 16\pi + 48\pi$ (cm²)

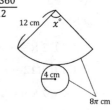

解答例　第14回テスト

（1）9　　　（2）$\dfrac{y}{2}$ 時間　　　（3）-4　　　（4）2250 円　　　（5）270 cm³

解き方

（1）$-2 + 3 - (-4) \times 2 = -2 + 3 + 8$　　　　　（2）時間 ＝ $\dfrac{\text{道のり}}{\text{速さ}}$

（4）姉の所持金を x 円とすると，妹の所持金は $(3600 - x)$ 円

　　　$x : (3600 - x) = 5 : 3$　　　$3x = 5(3600 - x)$　　　$3x = 18000 - 5x$　　　$8x = 18000$　　　$x = 2250$

（5）$\dfrac{1}{3} \times 9^2 \times 10 = 270$ (cm³)

解答例　第15回テスト

（1）$8x + 12$　　　（2）-1　　　（3）11 本　　　（4）55, 56, 57　　　（5）360π cm³

解き方

（1）$(2x + 3) \div \dfrac{1}{4} = (2x + 3) \times 4$

（3）購入したペンの本数を x 本とすると，$2000 - 130x = 570$　　　$x = 11$

（4）連続する 3 つの整数の和が 168 なので，$(x - 1) + x + (x + 1) = 168$　　　$3x = 168$　　　$x = 56$

　　　連続する 3 つの整数の真ん中が 56 と分かったので，答えは 55, 56, 57

（5）底面積が $\pi \times 6 \times 6 = 36\pi$ なので，$36\pi \times 10 = 360\pi$ (cm³)

解答例　第16回テスト

（1）$-\dfrac{1}{12}$　　　（2）$-4x + 2$　　　（3）$x = -1$

（4）箱の数 5 箱　　アメの数 74 個　　　（5）右のグラフ

解き方

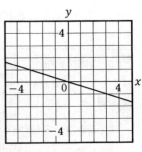

（1）$\dfrac{5}{4} \div (-15) = \dfrac{5}{4} \times \left(-\dfrac{1}{15}\right)$　　　（2）$12x \div (-3) - 6 \div (-3)$

（3）両辺に 5 をかける。$5 \times \dfrac{3x - 2}{5} = 5 \times x$　　　$3x - 2 = 5x$　　　$2x = -2$

（4）箱の数を x 箱とおくと，$14x + 4 = 15x - 1$　　　$x = 5$

　　　箱の数が 5 箱なので，アメの数は，$14 \times 5 + 4 = 74$

（5）$x = 3$ のとき，$y = -\dfrac{1}{3} \times 3 = -1$　　　よって，グラフは $(0, 0)$ と $(3, -1)$ を通る。

解答例　第17回テスト

（1）4　　（2）$\frac{7}{10}a$ 円（0.7a 円）　　（3）$x = 7$　　（4）10人　　（5）400 cm³

解き方

（2）$a \times \left(1 - \frac{3}{10}\right) = \frac{7}{10}a$　　（3）$3x \times 1 = 7 \times 3$

（4）男子の部員数を x 人とおくと，女子の部員数は $\frac{11}{10}x$ 人とおける。　$x + \frac{11}{10}x = 21$　　$x = 10$

（5）$4 \times 5 \times 20 (\text{cm}^3)$

解答例　第18回テスト

（1）0.01　　（2）15　　（3）$x = 3$　　（4）6 km　　（5）

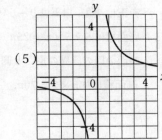

解き方

（1）$(-0.1) \times (-0.1)$

（2）$\frac{18}{x} = 18 \div x = 18 \div \frac{6}{5} = 18 \times \frac{5}{6}$

（3）$0.8x = 0.3x + 1.5$　両辺を 10 倍すると，$8x = 3x + 15$　　$8x - 3x = 15$　　$5x = 15$

（4）家から駅までの道のりを x km とおくと，行きにかかった時間は $\frac{x}{2}$ 時間，

帰りにかかった時間は $\frac{x}{3}$ 時間となり，$\frac{x}{2} + \frac{x}{3} = 5$ という方程式を立てることができる。

両辺に 6 をかけて，$6 \times \left(\frac{x}{2} + \frac{x}{3}\right) = 6 \times 5$　　$3x + 2x = 30$　　$5x = 30$　　$x = 6$

解答例　第19回テスト

（1）9　　（2）7　　（3）$x = 15$　　（4）リンゴ 6 個　　（5）中央値 7.6 秒

　　　　　　　　　　　　　　　　　　　　ミカン 4 個　　　　　平均値 7.9 秒

解き方

（1）$18 \times \left(-\frac{1}{6} + \frac{2}{3}\right) = 18 \times \left(-\frac{1}{6}\right) + 18 \times \frac{2}{3} = -3 + 12$

（2）$-3 - 2x = -3 - 2 \times (-5) = -3 + 10$

（3）$3x - 1 = 2(x + 7)$　　$3x - 1 = 2x + 14$　　$3x - 2x = 14 + 1$

（4）リンゴの数を x 個とおくと，ミカンの数は $(10 - x)$ 個となり，$150x + 80(10 - x) = 1220$

これを解くと，$x = 6$　よって，リンゴは 6 個，ミカンは $10 - 6 = 4$（個）

（5）値が小さい順に並べ替える。　$7.0, 7.2, 7.4, 7.6, 8.4, 8.5, 9.2$ となり，中央値は，7.6 秒

平均値は，$\frac{7.0 + 7.2 + 7.4 + 7.6 + 8.4 + 8.5 + 9.2}{7} = \frac{55.3}{7} = 7.9$（秒）

解答例　第20回テスト

（1）10個　　（2）-125　　（3）$x = 100$　　（4）6年後　　（5）

解き方

（1）$\pm3, \pm4, \pm5, \pm6, \pm7$　　　（2）$(-5) \times (-5) \times (-5)$

（3）両辺に 100 をかける。$100 \times \left(5 + \frac{3}{100}x\right) = 100 \times \frac{2}{25}x$

（4）x 年後に先生の年齢が田中さんの年齢の 3 倍になるとすると，$54 + x = (14 + x) \times 3$　　$x = 6$

（5）点 $(1, 4), (2, 2), (4, 1)$ を通る曲線と点 $(-1, -4), (-2, -2), (-4, -1)$ を通る曲線を 2 つかく。

解答例　第21回テスト

（1）−7　　（2）−1　　（3）$x = \dfrac{3}{2}$　　（4）2400円　　（5）144π cm³

解き方

（1）$5 \div 35 \times (-49) = -\dfrac{5 \times 49}{35}$

（2）$\dfrac{1}{4}x + \dfrac{1}{3}y = \dfrac{1}{4} \times 8 + \dfrac{1}{3} \times (-9) = 2 + (-3)$

（3）$2x \times 3 = (x+3) \times 2$　　$6x = 2x + 6$　　$6x - 2x = 6$　　$4x = 6$　　$x = \dfrac{6}{4}$　　$x = \dfrac{3}{2}$

（4）2000g の砂糖を買ったときの代金を x 円とおくと，$100 : 120 = 2000 : x$　　$100x = 120 \times 2000$

（5）球の体積を求める公式は，$V = \dfrac{4}{3}\pi r^3$　　これに代入して，$\dfrac{4}{3} \times \pi \times 6^3 = 288\pi \ (\text{cm}^3)$

半球なので，$288\pi \times \dfrac{1}{2} = 144\pi \ (\text{cm}^3)$

解答例　第22回テスト

（1）−28　　（2）$\dfrac{y}{4} < 2$　　（3）生徒の人数　8 人　　（4）25π cm²　　（5）0.4

ミカンの数　32 個

解き方

（1）$-5 \times 5 + 9 \div (-3) = -25 - 3$

（3）生徒の人数を x 人とおくと，$5x - 8 = 4x$　　$x = 8$　　ミカンの数は，$4 \times 8 = 32$

（4）直径 10 cm の円の半径は 5 cm なので，$\pi \times 5 \times 5 = 25\pi \ (\text{cm}^2)$

（5）24 m 以上投げた生徒数は 6 人　　相対度数 $= \dfrac{\text{階級の度数}}{\text{度数の合計}}$ より，$\dfrac{6}{15} = 0.4$

解答例　第23回テスト

（1）−76　　（2）$-\dfrac{5}{6}$　　（3）90円　　（4）赤玉 9 個　白玉 15 個　　（5）120π cm²

解き方

（1）$-53 + 6 \times (-7) + 19 = -53 - 42 + 19$　　　　（2）$\dfrac{1}{6} \times 4 + \dfrac{1}{4} \times (-6) = \dfrac{2}{3} - \dfrac{3}{2} = \dfrac{4-9}{6}$

（3）ドーナツ 1 個の代金を x 円とすると，$4x + 140 = 500$　　$x = 90$

（4）赤玉の個数を x 個とおくと，白玉の数は $(x + 6)$ 個

$3 : 5 = x : (x+6)$　　$5x = 3(x+6)$　　$5x = 3x + 18$　　$5x - 3x = 18$　　$2x = 18$　　$x = 9$

赤玉は 9個　白玉は 9 + 6（個）

（5）底面積は $5 \times 5 \times \pi = 25\pi$　　これが 2 つあるので $50\pi \ (\text{cm}^2)$

底面の円の円周の長さと側面の横の長さは等しいので，

側面積は $10\pi \times 7 = 70\pi$，　これらを足して，$50\pi + 70\pi = 120\pi \ (\text{cm}^2)$

解答例　第 24 回テスト

（1）5 個　　（2）$4x - 10$　　（3）$x = 12$　　（4）$x = -4$　　（5）ア，イ，エ

解き方

（1）$-2, -1, 0, 1, 2$

（3）両辺に 24 をかける。$24 \times \left(-\dfrac{1}{8}x - \dfrac{2}{3}\right) = 24 \times \left(\dfrac{5}{6} - \dfrac{1}{4}x\right)$　　$-3x - 16 = 20 - 6x$

（4）y は x に反比例するので，$y = \dfrac{a}{x}$ へ代入する。　　$6 = -\dfrac{a}{8}$ より，$a = -48$

　　　よって，式は $y = -\dfrac{48}{x}$　　これに $y = 12$ を代入すると，$x = -4$

解答例　第 25 回テスト

（1）7　　（2）① 2^4　② $2^2 \times 3^2$　　（3）$x = 2$　　（4）6π cm^2　　（5）7 km

解き方

（1）$-3 \times 3 + (-4) \times (-4) = -9 + 16$

（2）① $16 = 2 \times 8 = 2 \times 2 \times 4 = 2 \times 2 \times 2 \times 2$　　　② $36 = 2 \times 18 = 2 \times 2 \times 9 = 2 \times 2 \times 3 \times 3$

（3）$5x = 2 \times (11 - 3x)$　　　（4）$\pi \times 6 \times 6 \times \dfrac{60}{360} = 6\pi$ (cm^2)

（5）家から学校までの道のりを x km とすると，$\dfrac{x}{12} + \dfrac{15}{60} = \dfrac{x}{6} - \dfrac{20}{60}$　　両辺に 60 をかける。

　　　$60 \times \left(\dfrac{x}{12} + \dfrac{15}{60}\right) = 60 \times \left(\dfrac{x}{6} - \dfrac{20}{60}\right)$　　$5x + 15 = 10x - 20$

　　　　　　　　　　※問題文での単位が統一されていないことに注意する。今回は分を時に合わせる。

解答例　第 26 回テスト

（1）-100　　（2）$x = 3$　　（3）$y = -4x$　　（4）$8\pi + 24$ (cm)　　（5）510 cm^3

解き方

（2）$-(3 - 2x) - 3(x - 2) = 0$　　$-3 + 2x - 3x + 6 = 0$　　$2x - 3x = 3 - 6$　　$-x = -3$

（3）y は x に比例するので，$y = ax$ に代入する。$-12 = 3a$ より，$a = -4$ なので，$y = -4x$

（4）$2\pi \times 12 \times \dfrac{120}{360} + 12 + 12 = 8\pi + 24$

（5）三角柱の体積＝底面積 × 高さより，$\dfrac{1}{2} \times 5 \times 12 \times 17 = 510$ (cm^3)

解答例　第 27 回テスト

（1）-0.008　　（2）$4x - 6$　　（3）60 円　　（4）250 個　　（5）8π cm

解き方

（1）$(-0.2)^3 = (-0.2) \times (-0.2) \times (-0.2)$

（3）みかん 1 個の代金を x 円とおくと，$6x + 120 = (x + 90 \times 2) \times 2$　　$x = 60$

（4）クリップが x 個あるとすると，$20 : 10 = x : 125$　　$10x = 20 \times 125$

（5）線分 AB の長さは，底面の円の円周と同じ長さになる。

　　　円周の長さ＝ $2\pi \times$ 半径＝$2 \times \pi \times 4 = 8\pi$

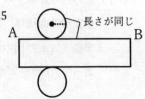

（1）10　　（2）$8x - 2 = y$　　（3）$x = 2$　　（4）-1　　（5）$56\,\text{cm}^2$

解き方

（1）$\{-3 - (1 - 5)\} \times 2 - (-2^3) = (-3 + 4) \times 2 - (-8) = 2 + 8$

（3）$-3(5x - 6) = -4(4x - 5)$　　　$-15x + 18 = -16x + 20$　　　$x = 2$

（4）反比例 $y = \dfrac{a}{x}$ に $(4, -3)$ を代入すると，$-3 = \dfrac{a}{4}$ となり，$a = -12$

　　　$y = -\dfrac{12}{x}$ に $x = 12$ を代入すると，$y = -1$

（5）底面積は，$4 \times 4 = 16\,(\text{cm}^2)$　　　側面には合同な二等辺三角形が4つあるので，

　　　$\dfrac{1}{2} \times 4 \times 5 \times 4 = 40$　　　よって，表面積は，$16 + 40 = 56\,(\text{cm}^2)$

（1）$0.25a$ 人 $\left(\dfrac{1}{4}a\ 人\right)$　　（2）1　　（3）$x = -5$　　（4）9g　　（5）午前9時24分

解き方

（2）$\dfrac{5}{a} - \dfrac{b}{6} - 2 = \dfrac{5}{3} - \dfrac{-8}{6} - 2 = \dfrac{5}{3} + \dfrac{4}{3} - \dfrac{6}{3}$

（3）両辺に6をかける。$6 \times \left(\dfrac{x+3}{2} + \dfrac{x-1}{3}\right) = 6 \times (-3)$　　　$3(x + 3) + 2(x - 1) = -18$

（4）$150 \times \dfrac{6}{100}$

（5）兄が家を出て x 分後に父親に追いつくとする。

　　　兄が父親に追いついているので2人が移動した距離は同じである。

　　　父親の移動距離は，分速40mで，$(16 + x)$ 分の移動をしているので，$40(16 + x)$

　　　兄の移動距離は，分速120mで，x 分移動しているので，$120x$

　　　よって，$40(16 + x) = 120x$　　　$x = 8$

　　　兄は9時16分に家を出ているので，父に追いつくのは8分後の9時24分。

（1）$700 - 7a\,(\text{ml})$　　（2）$a = -5$　　（3）60円　　（4）2時間30分　　（5）$100 - 25\pi\,(\text{cm}^2)$

解き方

（1）$700 - 700 \times \dfrac{a}{100}$

（2）$x = -2$ を代入すると，$-8 + 5 = 3a + 12$　　　$-3a = 12 + 8 - 5$

（3）プリン1個の値段を x 円とすると，$9x + 180 = (2x + 120) \times 3$　　　$x = 60$

（4）道のり＝速さ×時間より，$15 \times 2 = 30\,(\text{km})$

　　　時間 $= \dfrac{道のり}{速さ}$ より，$\dfrac{30}{12} = 2\dfrac{1}{2}$　　　よって，2時間30分

（5）正方形の面積から半径10cmの円の面積の $\dfrac{1}{4}$ を引くと影の部分の面積が求められる。

　　　正方形の面積は，$10 \times 10 = 100\,(\text{cm}^2)$

　　　半径10cmの円の面積の $\dfrac{1}{4}$ は，$100\pi \times \dfrac{1}{4} = 25\pi\,(\text{cm}^2)$

　　　よって，$100 - 25\pi\,(\text{cm}^2)$

英語　解答・解説

解答例　第1回テスト

（1）am　　（2）am, not　　（3）Are you Mr. Suzuki ?　　（4）I am from Kumamoto.

（5）① am　② 私をアヤと呼んでください。

解説

（1）「私はエレンです。」主語が I なので、am を選ぶ。

（3）「あなたは鈴木さんですか。」

（4）I am from＋出身地名.＝私は…出身です。

解答例　第2回テスト

（1）is　　（2）Are　　（3）She is not my sister. (She's not my sister.)　　（4）I like math.

（5）① What's this ? (What is this ?)　② It's

解説

（1）「彼は私の友達です。」主語が He なので、is を選ぶ。

（3）「彼女は私の姉（妹）ではありません。」

解答例　第3回テスト

（1）Are　　（2）is, friend　　（3）She is (She's) not from New York.

（4）She is not our teacher.　　（5）① Is this your pen ?　② it's, not (it, isn't)

解説

（1）「あなたはミドリですか。」主語が you なので、Are を選ぶ。

（3）「彼女はニューヨーク出身ではありません。」

解答例　第4回テスト

（1）Do　　（2）use, it　　（3）Do you play the violin ?

（4）Do you study English every day ?　　（5）① Do you like soccer ?　② I, do

解説

（1）「あなたはピアノをひきますか。」主語が you なので、Do を選ぶ。

（3）「あなたはバイオリンをひきますか。」

解答例　第5回テスト

（1）Does　　（2）lives, in, Australia　　（3）Does he play the piano ?

（4）Who is this girl ?　　（5）① Where　② それはノートの下にあります。

解説

（1）「エミはピアノをひきますか。」主語が三人称単数(Emi)なので、Does を選ぶ。

（3）「彼はピアノをひきますか。」一般動詞の疑問文　Do,Does ＋主語+動詞の原形…?

（5）①「私の辞書はどこにありますか。」

解答例　第6回テスト

（1）What　　（2）Whose, is　　（3）Did you watch TV yesterday？

（4）What time is it？　　（5）① How　② 彼ら（彼女ら）は本を3冊持っています。

解説

（1）「あなたの名前は何ですか。」「私の名前はエレンです。」who＝だれ　whose＝だれの，だれのもの

（3）「あなたは昨日テレビを見ましたか。」一般動詞の過去の疑問文は、Did＋主語＋動詞の原形…？

（5）①「彼らは本を何冊持っていますか。」 How many＋名詞の複数形？＝いくつの

解答例　第7回テスト

（1）Which　　（2）study,　Monday　　（3）I don't go to tennis school.

（4）Do you go to school every Saturday？

（5）① あなた（あなたたち）は相撲について知っていますか。　② I（We）, do

解説

（1）「あなたは英語と日本語のどちらを話しますか。」who＝だれ　when＝いつ

（3）「私はテニススクールへ行きません。」一般動詞の否定文は、主語＋do not（don't）＋動詞の原形

解答例　第8回テスト

（1）drinking　　（2）What, are, doing　　（3）I want five erasers.

（4）We are enjoying music now.

（5）① あなたの弟たち（兄たち）は英語を書いているのですか。　② they, are

解説

（1）「彼は今、水を飲んでいます。」進行形の文なので、am, is, are ＋ 〜ing

（3）「私は消しゴムを5個ほしいです。」five erasers（複数のsがつく）

解答例　第9回テスト

（1）Be　　（2）Don't, run　　（3）Be careful.　　（4）Don't use her computer.

（5）① 彼女はこのコンピュータを使いますか。　② she, doesn't

解説

（1）「よい少年でいなさい。」be動詞を使った命令文は、Be で文を始める。

（2）否定の命令文「Don't＋動詞の原形…＝〜してはいけない」

（3）「注意しなさい。」

解答例　第10回テスト

（1）swim　　（2）can't（cannot）, read, English　　（3）Shinji can use a computer.

（4）When can you climb Mt. Fuji？　　（5）① この漢字を見て。　② Can

解説

（1）「彼は夏に泳ぐことができます。」can＋動詞の原形

（3）「シンジはコンピュータを使うことができます。」uses を動詞の原形(use)にする。

（5）②「あなたはそれを読むことができますか。」

解答例　第11回テスト

（1）watched　　（2）came, to, school　　（3）Taro did not(didn't) make lunch for his family.

（4）How did you go to the park ?

（5）① あなた(あなたたち)は今年の冬、旅行しましたか。　② I(we), did

解説

（1）「私は昨日テレビを見ました。」yesterday があるので、過去形を選ぶ。

（2）came=come の過去形

（3）「タロウは彼の家族のために昼食を作りませんでした。」did not(didn't)＋動詞の原形

解答例　第12回テスト

（1）pictures　　（2）How, many, friends　　（3）Is soccer interesting ?

（4）What do you eat for lunch ?　　（5）① What's　② 私は頭痛がします。

解説

（1）「私は何枚かの写真を持っています。」some pictures 複数形の s がつく。

（2）How many+名詞の複数形 ?=いくつの、何人の

（3）「サッカーはおもしろいですか。」

解答例　第13回テスト

（1）pens　　（2）Do, you, know, about　　（3）John lives in Japan.

（4）She sometimes teaches English.

（5）① get, up　② 私は8時20分に学校に着きます。

解説

（1）「あなたはペンを何本持っていますか。」　How many＋名詞の複数形 ?=いくつの…

（3）「ジョンは日本に住んでいます。」　主語 (John) が3人称単数で現在の文なので lives

（5）「私は7時に起きます。私は8時に家を出ます。私はバスで学校へ行きます。

　　　私は8時20分に学校に着きます。」

解答例　第14回テスト

（1）are　　（2）is, with　　（3）I have many books.

（4）I want to know about it.　　（5）① 病院はどこですか。　② I'm sorry

解説

（1）「これらは私の家族の写真です。」　主語(these)が複数なので are を選ぶ。

（3）「私はたくさんの本を持っています。」主語が I なので、have にかえる。

（4）about=…について

解答例　第15回テスト

（1）in　　（2）Does, live, near　　（3）We like them.　　（4）Do you know about her?

（5）① Whose　② It is mine.（It's mine.）

解説

（1）「彼はオーストラリアに住んでいます。」in Australia＝オーストラリアに

（3）「私たちは彼女らが好きです。」　　（5）A：「あれはだれのギターですか。」

解答例　第16回テスト

（1）in　　（2）didn't, go, to　　（3）My sister didn't come back from Australia last week.

（4）Ken has a lot of cats.　　（5）① looking　② 郵便局で左に曲がってください。

解説

（1）「私たちは5月に運動会があります。」in May＝5月に

（3）「私の姉（妹）は先週オーストラリアから戻ってきませんでした。」didn't＋動詞の原形

（4）a lot of＝たくさんの

（5）A：「すみません。私は本屋をさがしています。」I'm looking for …＝私は…をさがしています

解答例　第17回テスト

（1）study　　（2）practice, every, day　　（3）Study math.

（4）How many boxes do you have?

（5）① トムはビーチの近くに住んでいますか。　② he, does

解説

（1）「私は毎日英語を勉強します。」

（3）「数学を勉強しなさい。」命令文は動詞の原形(study)で文を始める。

（4）How many＋名詞の複数形?＝いくつの…

解答例　第18回テスト

（1）talk　　（2）Are, free, on　　（3）Do you have any books?

（4）Let's practice soccer every Friday.

（5）① Where　② それは机のそばにあります。

解説

（1）「エマは動物について話しません。」

（2）on＋曜日

（3）「あなたは本を何冊か持っていますか。」疑問文で、any(いくつかの)＋名詞の複数形

（4）Let's …＝…しましょう

（5）A：「あなたのノートはどこにありますか。」by＝…のそばに

解答例　第 19 回テスト

（1）those　　（2）Where, did, study　　（3）Is Saki's sister drinking water now ?

（4）I usually get up at seven.　　（5）① Monday　② Friday

解説

（1）「公園にいるあれらの少女たちを見なさい。」those=あれらの、それらの

（3）「サキのお姉さん(妹)は今、水を飲んでいますか。」現在進行形の疑問文　Am, Are, Is+主語+…ing

（5）① 月曜日　② 金曜日

解答例　第 20 回テスト

（1）some　　（2）is, not, difficult

（3）What does he play every day ?　　（What sport does he play every day ?）

（4）She sometimes teaches music.　　（5）① Sunday　② Tuesday

解説

（1）「私の両親はうさぎを何匹か飼っています。」some は肯定文、any は疑問文・否定文で使う。

（3）「彼は毎日何をしますか。」（「彼は毎日どんなスポーツをしますか。」）

（5）① 日曜日　② 火曜日

解答例　第 21 回テスト

（1）studied　　（2）When, did, practice　　（3）Where does Mr. Suzuki live ?

（4）What language does he speak ?　　（5）① Wednesday　② Thursday

解説

（1）「私は昨夜数学を勉強しました。」

（3）「鈴木さんはどこに住んでいますか。」

（5）① 水曜日　② 木曜日

解答例　第 22 回テスト

（1）Who　　（2）How, do　　（3）Whose pencil is this ?

（4）How old is your sister ?　　（5）① あなたのお母さんは何時に起きますか。　② at

解説

（1）「この少女はだれですか。」「彼女は私の姉（妹）です。」when=いつ　how=どのようにして

（3）「これはだれのえんぴつですか。」

（5）B：「彼女は 7 時に起きます。」at seven= 7 時に

解答例 第23回テスト

（1）in （2）What, do, for （3）I am playing tennis now.

（4）What's your father doing now?

（5）① Can you help me with my homework? ② playing

解説

（1）「私の国ではあれを使いません。」in my country＝私の国で

（3）「私は今、テニスをしています。」現在進行形 am, is, are ＋ …ing

（5）A：「私の宿題を手伝ってくれますか。」Can you …? ＝ …してくれますか。

B：「ごめんなさい、できません。」「私は今、ピアノをひいています。」

解答例 第24回テスト

（1）an （2）Do, know （3）Be a good student. （4）Let's have lunch here.

（5）① マイクは何をしていましたか。 ② reading

解説

（1）「あれは遊園地ですか。」amusement が 母音(a)で始まるので an

（3）「よい生徒でいなさい。」be 動詞を使った命令文は、Be で文を始める。

（4）have＝…を食べる、…を持っている

（5）B：「彼は本を読んでいました。」過去進行形 was, were ＋ …ing

解答例 第25回テスト

（1）me （2）has, books （3）Don't swim in this river.

（4）Do you play the piano, too? （5）① February ② April

解説

（1）「タロウは毎日私を手伝います。」I(私は,が) my(私の) me(私を,に) mine(私のもの)

（2）主語が三人称単数(he)で現在の文なので、has

（3）「この川で泳いではいけません。」Don't ＋動詞の原形＝…してはいけない

（5）① 2月 ② 4月

解答例 第26回テスト

（1）at （2）practicing, basketball （3）How old is Taro?

（4）What food does she like? （5）① June ② August

解説

（1）「私の学校は9時に始まります。」at nine＝9時に

（2）現在進行形の文なので、am, is, are ＋ …ing

（3）「タロウは何歳ですか。」

（5）① 6月 ② 8月

解答例　第27回テスト

（1）does　　（2）Whose,　dictionary　　（3）Where does Taro go every Sunday ?

（4）He is good at swimming.　　（5）① October　　② December

解説

（1）「彼女はそれについて話しません。」

　　　主語が三人称単数(she)で現在の否定文　does not+動詞の原形

（3）「タロウは毎週日曜日にどこへ行きますか。」

（4）be good at … = …がじょうずだ，得意だ

（5）① 10 月　② 12 月

解答例　第28回テスト

（1）any　　（2）How,　many,　lemons

（3）Does Mr. Tomita teach music ?　　（4）What do you have for breakfast ?

（5）① 私はよくトーストと牛乳をとります。　② How about you ?

解説

（1）「あなたはペットを何匹か飼っていますか。」疑問文なので any を選ぶ。

（3）「トミタさんは音楽を教えますか。」

解答例　第29回テスト

（1）us　　（2）plays,　with　　（3）We can't climb it during winter.

（4）Which do you eat, rice or toast ?

（5）① ビルはあなたの友達ですか。　② We are good friends.

解説

（1）「彼女は私たちのために朝食を作りました。」

（3）「私たちは冬の間それに登ることができません。」

解答例　第30回テスト

（1）mine　　（2）are,　from　　（3）How many eggs do you have ?

（4）Did your friend speak English ?

（5）① あなたはそこへ行きましたか。　② went,　there,　yesterday

解説

（1）「これはだれの消しゴムですか。」「それは私のものです。」

（2）is, are, am＋from+出身地名=…出身である

（3）「あなたは卵を何個持っていますか。」

国語　解答・解説

第一回　問一　② 戻　③ 乾　問二　花の蜜(蜜)　問三　エ　問四　ウ

第二回　問一　① やわ　② 興奮　問二　ウ　問三　あ 不思議　い 不可欠
※問二　「大きな」は影響を修飾する連体詞。「大きい」は形容詞。

第三回　問一　② いさ　③ ぎょうそう　問二　ウ　問三　ア
※問二　本文中の「ある」とウは動詞。ア・イは連体詞。
問三　「圧倒」くらべるものがないほどすぐれた力をもっていること。

第四回　問一　ア　問二　ア　問三　ウ
※問一　「余念がない」ほかのことを考えず、そのことに打ち込んでいること。

第五回　問一　イ　問二　てくん　問三　四文節　問四　ウ
※問三　ベニーに/出す/作品を/決める

第六回　問一　② 来航　③ 競争　問二　寺子屋　問三　イ

第七回　問一　居心地　問二　ア　問三　ア　問四　ア
※血眼(ちまなこ)　目を引く…人の注意を引きつける。

第八回　問一　① 信仰　③ けい　④ おとろ(える)
問二　エ　問三　ウ　問四　イ

第九回　問一　① 辞典　② ふきゅう　問二　ウ　問三　イ

第十回　問一　① ウ　② エ　問二　ウ　問三　ア

第十一回　問一　① 退　③ 準備　問二　ウ　問三　ア
※問三　本文最後の行「逆に切なくなってしまった」とあるので、アが正解。
イは「思ったより大きくて、僕は大満足だった」の部分が不適切。
ウは「期待していたような大きな花火ではなく」の部分が不適切。

第十二回　問一　① けんちょ　② 特徴　問二　困難　問三　イ　問四　イ
※容易…たやすいこと。

キリトリ線

第十三回

問一 ① あわれなり ② くわえて ③ いうよう ④ いたり

問二 ① とう ② きょう ③ うつくしゅう ④ よろず

問三 ① エ ② イ ③ ウ ④ ア

問四 ① ウ ② イ ③ エ ④ ア

第十四回

問一 ア 問二 いみじゅう 問三 イ 問四 清少納言

第十五回

問一 ① イ ② ウ 問二 ① ア ② ウ ③ オ

問三 ① 大きな ② さっぱり ③ 美しい

※問一 ①「いる(た)」「ある」など、前の文節に意味を添える語はそれだけで一文節になる。

② 「あの」「この」「いろんな」「大きな」などの連体詞はそれだけで一文節になる。

問三 ② 副詞は「とても」「まさか」「ゆっくり」など、状態や程度などを表す。

③ 形容詞は「うれしい」「楽しい」「暑い」など、言い切るときに「い」で終わる。

第十六回

問一 ① 三番目 ② 六番目

問二 ① 春眠暁を覚えず ② 頭を低れて故郷を思ふ

問三 ① エ ② ア ③ オ ④ キ

※問一 ① 天命を待つ ② 百聞は一見に如かず

問二 ① しゅんみんあかつきをおぼえず ② こうべをたれてこきょうをおもふ

問三 背水の陣　五十歩百歩（たいして差のないこと）
暗中模索（手がかりや見込みがないまま、いろいろなことをやってみること）
蛇足　温故知新　漁夫の利（他人が争っている間に利益を横取りすること）
四面楚歌　矛盾（つじつまがあわないこと）

漢字 その1

① 伝統 ② 芝生 ③ 田舎 ④ 理屈 ⑤ 恩恵

⑥ 返却 ⑦ 錯覚 ⑧ 緊張

漢字 その2

① 施設 ② 奇跡 ③ 惜 ④ 検索 ⑤ 芽

⑥ 歓迎 ⑦ 分析 ⑧ 挑

漢字 その3

① かくり ② なめ ③ こころよ ④ ひんぱん ⑤ そ

⑥ つらぬ ⑦ ごうまん ⑧ ひょうし ⑨ いつわ

⑩ けっかん ⑪ ぶじょく ⑫ さび ⑬ けんちょ ⑭ わず

⑮ おか ⑯ ちつじょ ⑰ えりょう ⑱ けいりゅう

⑲ せつな ⑳ うけたまわ ㉑ ひっす ㉒ ひんかん

㉓ せっし ㉔ あいまい ㉕ てらぼう ㉖ ゆううう

㉗ ともな ㉘ や ㉙ か ㉚ ゆる ㉛ たく ㉜ そむ

-17-

アンケートにご協力をお願いします！

　みなさんが、「合格できる問題集」で勉強を頑張ってくれていることを、とてもうれしく思っています。

　よりよい問題集を作り、一人でも多くの受験生を合格へ導くために、みなさんのご意見、ご感想を聞かせてください。

　「こんなところが良かった。」「ここが使いにくかった。」「こんな問題集が欲しい。」など、どんなことでもけっこうです。

　下のQRコードから、ぜひアンケートのご協力をお願いします。

 アンケート特設サイトはコチラ！　　　　　「合格できる問題集」スタッフ一同